# 成就孩子的成长

## 来深建设者子女心理关爱

王 鉴 著

深圳报业集团出版社
SHENZHEN PRESS GROUP PUBLISHING HOUSE

责任编辑：彭春红　赵立娜
特邀编辑：罗建邦
装帧设计：友间文化

**图书在版编目（CIP）数据**

成就孩子的成长：来深建设者子女心理关爱 / 王鉴著. --深圳：深圳报业集团出版社，2018.4
ISBN 978-7-80709-822-5

Ⅰ. ①成… Ⅱ. ①王… Ⅲ. ①儿童—心理健康—健康教育—家庭教育 Ⅳ. ①B844.1

中国版本图书馆CIP数据核字（2017）第271321号

深圳市文化创意产业发展专项基金资助项目

**成就孩子的成长**
Chengjiu Haizi de Chengzhang
王鉴　著
深圳报业集团出版社出版发行
（518034　深圳市福田区商报路2号）
深圳市德信美印刷有限公司印制　新华书店经销
2018年4月第1版　2018年4月第1次印刷
开本：787mm×1092mm　1/16
字数：260千字　印张：13.5
ISBN 978-7-80709-822-5　定价：38.00元

# 序一

Preface 1

家庭是人类实现自我繁衍而形成的社会细胞，家不仅是生命降生的地方，也是伴随生命成长的地方。如果每一个生命是一粒种子，家庭就是我们今生的土地。不论时代发生多大变化，不论生活格局发生多大变化，不论传承形式发生何等变化，家庭教育都以一种潜移默化的方式成为一个家庭的精神积淀。我们呼吁家长要以身作则，家庭教育是不可替代的，我们也呼吁父母多陪伴孩子成长。

我们搞教育的人，除了要“想得美”，还要“做得好”：靠“想得美”去指引我们，靠“做得好”把“想得美”落到实地。对于推进家庭教育，我们有一个美好的基本理念：打通生活与教育，让教育回归人，让人回归生活，让生活回归家庭，让家庭充满幸福。家长要引导每一个孩子成为他自己，成为他最好的自己，创造生命价值，成就人间正道。

我们看到的问题：学校、家庭和社会正处在矛盾冲突之中。对家庭教育而言，很多家庭仅仅关注孩子的学业成绩，而对孩子兴趣培养、品德培养和个性发展并没有担当起全面责任。一个好学生的背后不一定有一个好家长，而一个问题学生的背后必定有一个问题家长。不恰当的家庭教育正影响着年轻一代的健康成长。对学校教育而言，学校一方面承担了很多无法承担的教育责任；另一方面还存在很多教育不到位的现象，存在严重的形式化和教育浪费现象。对社会教育而言，社会对教育还缺乏自觉的责任意识，社会教育设备设施严重不足，社会教育的方式还比较单调，实效性亟待提高。学校、家庭、社会，还缺乏有效的沟通与合作，还没有形成促进学生全面和谐个性化发展的强大合力。

我们正在为推进新时代的家庭教育而努力。而家庭教育的有效实施涉及每一个家庭，需要更多有识之士的参与。

我非常欣喜地看到了王鉴老师的这本新作。王鉴老师曾是深圳市中小学心理健康教育指导中心和深圳市家庭教育指导中心的副主任，在职期间，他在心理教育和家庭教育岗位上勤恳地工作。退休后，他仍然存有一种教育情怀，把精力继续投向家庭教育事业。

这本书源于作者多年的专业工作实践，很接地气，很务实，适合家长阅读。在定位上透视家庭亲情，贴近生活视角；在写作上解剖案例讨论，糅合专业分析；在目标上专注成长主题，重视实用指导。这本书的内容包含了从幼儿到高中整个成长阶段的重要主题，是一本好看好用的家庭教育指导读物。

叶文梓

深圳市教育科学研究院院长

深圳市家庭教育指导中心主任

# 序二

Preface 2

1977年，王鉴与我一起考入了辽宁大学，学习半导体物理。我们曾无数次地在校园里叙谈学习之外的个人发展。毕业后，我去美国改行学习历史，他则辗转来到深圳，改行从事教育心理学的研究。多年来，他在深圳这座神奇的城市，以极大的热情和令人感叹的执着，关注这里孩子们的心理健康和教育，在教育心理学领域取得了令人羡慕的成就。

不久前，他把他的新作书稿《成就孩子的成长》电邮过来，希望我给作个序。期间，我在厦门大学做客座教授。在飞往美国十几个小时的飞机上，我一口气把它读完。这是一次令我难忘和丰富的旅行。能为相识相知40年的老同学作序，冥冥之中感到在完成一个心灵之约。

王鉴的这本讨论孩子成长的书，内容丰富，语言简洁生动，结构设计精巧，读起来引人入胜。它避免了一般教育心理学书籍的通病，没有理论的堆砌、概念标签的罗列和数字的枯燥。把心理学精髓糅合到贴近生活的话题中，这是一种理论的功力，也是一种经验的洞察。

其实，这本书的意涵超越了教育心理学的范围。希腊哲学家苏格拉底，也是一位了不起的教育家，曾经告诫我们，要深入你的内心，认识你自己，未经省察的人生是没有价值的。王鉴的这本书以其独到的视角，解析了孩子从婴儿到青少年的成长过程，让我们对人自身成长的蜕变有了新的认知。它不仅在关注着深圳建设者的孩子们，更是在特定的历史时空下，关注着人类生存的问题。正因为如此，它能够引起我们对自身的生活反思，特别是与孩子一起成长的经历。哺育、教养、陪伴，在亲密中远离，最后让孩子成为他自己。这其中有多少欣喜、激动、慰藉，还有多少困惑、焦虑、遗憾?

面对不可逆转的人生，我不禁感叹，要是在20年前我能够读到这样的书，我对自己的人生一定会有不同的感悟。它会帮助我成为一个更好的父亲，更富有智慧的人文学者。

愿此书给家长和孩子们带来启迪和好运。

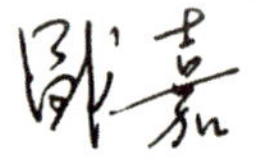

美国康奈尔大学历史学博士、教授

# 前言

Foreword

深圳是一座具有特殊意义的城市。20世纪80年代，深圳由中国南方沿海的一处边陲小镇发轫，担起国家经济改革开放实验田的重任，一路披星戴月、披荆斩棘而来。

深圳吸引着来自全国各地的追梦人、创业者，来了就是深圳人。

深圳人是以移民人口为主体，这也是深圳人家庭的特色。每一个深圳人的家庭都成了浸透这个城市发展印记的细胞。五湖四海的人来到这里，他们是这个大变革时代的参与者，是这个梦想城市的建设者，更是自己多彩生活的创造者。

他们多以夫妻加子女的核心家庭形态生活，远离了家乡原有的相依相助的人脉关系。为了自己的事业发展和生活幸福，他们在深圳开始打拼创业、追逐梦想。

这是深圳人家庭养育子女的特定背景。

很多深圳人都有一段不断搬家的经历。为了适应工作和事业的发展，他们拖家带口地在变动中生活。很多深圳人还有一段亲子分离的经历，当工作和生活还不稳定时，他们需要先自己站稳脚跟，再接子女来深生活。

这是深圳人子女成长的特定背景。

当然，深圳人子女的成长同样遵循所有孩子成长的一般规律。

1995年，本书作者在深圳市二次创业期间来到这座城市，与那个年代的心理教师同行一起，成了学校心理健康教育第一代工作者。作为学校心理健康教育工作者，他们陪伴孩子们在这片热土上成长，体味着孩子们的快乐与欣喜、困惑与烦恼。他们用20多年的专业工作经历告诉读者，家庭是孩子心理成长的摇篮；孩子早年的生活经历染就了他们人格成长的底色；看似平常的家庭生活包含着丰富的亲子教养内容；生命的成长是家长与孩子共同度过的人生历程。

本书的撰写遵循孩子朝向未来成长的自然规律，尊崇孩子在人的关系中成长的科学理念，重视家庭环境对孩子成长的影响，也关注孩子自主成长的内在动力的作用和外界环境的影响。本书本着注重实践应用的原则，融合了很多后现代家庭教育的理念与思潮。

本书结合很多现实案例，呈现一些处于学龄阶段孩子成长中的典型问题，以问题引出讨论的主题，给出具体的原因分析与解决对策，并努力趋向获得科学性常识的目标。孩子的成长是一个比书中的案例繁杂得多的事情，读者应结合自己的亲子教育经验去灵活地实践。

本书以深圳人的家庭生活为背景撰写，写给追求幸福成长的家长和他们的孩子。

我们一起来陪伴和成就孩子们的生命成长。

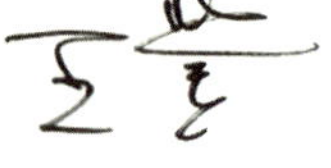

# 目录

Contents

## 2 第二章
## 向外成长　小学阶段

## 第三章
## 青涩青春　初中阶段

4

第四章

## 自我初成 高中阶段

# 1 第一章

# 生命启航
## 学前阶段

# 本章导读

子女的生命启航从父母组成家庭开始。良好的婚姻关系是孩子人生安全启航的港湾。建立安全的依恋关系是这一阶段的基本任务。幼儿阶段是一些重要品质培养的关键期。

三种基本品质奠定了孩子人生发展的基础：希望品质、意志品质和宜人品质。希望品质是让孩子在获得信任感的基础上，形成乐观进取的心态；意志品质是让孩子学会约束自己，具有做事立业的能力；宜人品质是让孩子乐于与人交往，铺垫幸福生活的基色。

幼儿的情绪管理是一项特别的课题，帮助孩子从小学会管理好自己的情绪，对于孩子的一生都具有重要价值。同时，家长也在这个过程提高自己的情商。

需要了解清楚自己家庭的亲子关系。家庭是孩子社会性成长的子宫，亲子关系是孩子心理成长的脐带。亲子关系对孩子的成长有重要影响。亲子关系可以分成四种类型：权威民主型的、溺爱满足型的、冷漠忽视型的和控制干涉型的。

本章着重讨论家庭系统和幼儿阶段一些成长的重要理念，它们的影响贯穿在后面的整个成长阶段中。

# 家庭中的婚姻关系

家庭是由婚姻关系、血缘关系或收养关系而结合成的亲属生活组织。在所有的人际关系当中，没有哪一种关系比家庭中的人际关系更亲密无间了。同时，也没有哪一种关系比家庭中的婚姻关系更纠缠不清了。一般意义的婚姻关系，是一种肉体上创造生命的关系；是一种生活上命运与共的关系；还是一种情感上爱恨交织的关系。

婚姻关系构成了家庭的核心关系。夫妻的一个基本家庭任务就是抚养子女。以婚姻关系为内核的家庭构成了孩子成长的基本环境。

如果认同家庭环境对孩子的影响，那么也要认同夫妻的原生家庭对其自身形成的影响。常常说，夫妻床上睡着6个人，即是说，夫妻各自的父母曾经影响了他们自己的成长。夫妻的结合不是两个人的结合，而是两个家庭的结合。两个人走到一起，双方各自带着原生家庭的观念、习惯和规则，他们需要在一个新家庭里重新进行整合。这么说来，门当户对的说法是很有道理的。

在孩子最终成为社会人的意义上，在家庭中生活的未成年阶段，父母需要代表社会传给孩子社会生存必需的基本规范和基本品质。这些，是在现实的家庭生活过程中进行的。因此，父母的成熟程度、生活方式和个性品质等直接影响着孩子的成长。还有，家庭作为一个成员间密切关联的系统，婚姻关系乃至亲子关系如何也直接牵动着孩子的成长。当孩子长大成人之后，所有关于在家庭中的成长经历都将深深地浸入他的身心，构成其心理的深层次内容。

家庭系统中的关系不应该是僵化的、固定的，很多家庭中的问题出在家庭成员间用僵化不变的方式处理事务。健康的家庭应有一个开放的形态，有一种良好的信息沟通方式，在处理各种事务当中灵活而有弹性。家庭成员一起处理各种家庭事务。他们通过协商、妥协、争论和互助，发展出某种相对稳定的互动模式，建立了合适的家庭规则。有主导的一方，有从属的一方；有主动的一方，有被动的一方。互动模式很多时候就是在生活琐事中体现的。谁在选择晚餐的食料，谁在安排周末的活动，谁在控制电视频道，谁在主动整理房间。进一步构成的问题情况就是：谁挑起了冲突，谁闹起了情绪，谁受到了虐待，谁成了替罪羊。

通过下面一个青春期的孩子与父母纠缠的案例，更能够看清家庭系统中相互关系的影响。

这是一个跟很多家庭一样的三口之家，表面上看去甚至让人羡慕得有些忌妒。一家之主的父亲在英国伦敦从事金融业工作，事业正是升腾之时；母亲在深圳一所高校任教，工作悠闲而令人尊重。15岁的女儿多多暂时跟着父亲生活，在伦敦一所中学读书。多好的一个各得其所的国际化家庭。

可是，可爱的多多近一段时期来越来越不爱吃饭，变得楚楚可怜。一家人用尽办法，还是一筹莫展，最后不得不找心理咨询师进行心理咨询。又瘦又高的多多说话有气无力，目光无神。更严重的问题是，多多的月经已经有很长时间不再来了。

食欲本是人的本能欲望，是什么让多多甘愿如此自我摧残呢？

在心理咨询师和父母面前，多多先说话了。爸爸妈妈已经分开七八年时间了，他们已经有了很大的差异。爸爸觉得妈妈还停留在原来的阶段，他们已经回不到过去在一起的日子了。他们都在想离婚这件事。离婚对两个人可能更好。现在他们生活得不好，连我都觉得很累。妈妈的年龄不算太大，长得也不难看，工作也很成功，妈妈还可以有新的生活。

心理咨询师的心有些发颤：这是一个15岁女孩该说的话吗？这是多多的真心话吗？多多的心里藏着多少酸楚？多多真的想把妈妈嫁出去吗？

多多接着说。其实我很小就留意他们了，出国后更关心他们的关系。

爸爸较早有离婚的想法，我知道的。他担心对我不好，一直没有提出来。我怕他们分开，真的。担心比较厉害的时候是小学3年级。有一次看到妈妈半夜里坐在地上哭，心里好害怕。那时我什么都想过。我想过离家出走，甚至想过跳楼。我想只要我出什么事情，他们就不会离婚了。我现在很矛盾，如果他们真的离婚，我觉得我没有办法面对他们任何一方，如果真的爸爸妈妈各自另结婚，我也不知道怎么面对。

心理咨询师看出了多多有很大一个心结。

多多的妈妈接着说，多多其实很在乎这件事，她做过很多努力的。有一年，爸爸回国又要走了。女儿说，爸爸要走了，你帮他买一盒茶叶带回去。女儿在提醒我，要主动表示一下对爸爸的关心。女儿渴望父母在一起，每年放假回国时，用话试探我，说是不是有人追求你，妈妈越来越好看了。

多多的爸爸也有自己的看法。我们两人生活观念已经有了很大的差异。我在国外，相互有空间距离，感到看得更清楚。我的事业正向好的方面发展，不想回到国内生活。她到国外去要求我给一个终身担保，我没办法承诺。

看看，这一家三口都很不愉快。爸爸妈妈各自都没办法找到他们需要的爱，他们是精神上饥饿。多多呢，是承受了爸爸妈妈的精神饥饿，然后把爸爸妈妈病态的关系紧紧系在自己身上，为爸爸妈妈饥饿，为爸爸妈妈生病。这是一种不肯长大的病，月经都不肯来了，身体的成长都停止了。

很难想象一个15岁女孩的世界里都是爸爸妈妈，满满地盛着那么重的痛苦。女儿感受父母的苦楚，为他们的苦楚不再吃东西，这是要很大的自制力才能做到的呀。

青春期的女孩要关注外面的世界，要有自己的伙伴。多多要把眼光放到父母之外的地方去，要有自己生活的空间，不能只生活在父母的系统里。父母的矛盾要由他们自己来解决，长大的女儿要与父母有界线。对于多多特别重要的是，要赶快把月经找回来。没有了月经，女孩就长不成女

> 人了。
>
> 有很多类似的家庭三口人的界线不清，有很多类似的孩子纠缠在父母的系统里，有很多爱已经是束缚的爱，有很多不健康的家庭关系缠住了孩子的心。

婚姻关系就是这样决定着一个家庭系统的基本状态。孩子的心理问题永远不是单独的、个人的现象。家庭中个人的问题总是意味着家庭系统出了问题，很可能是夫妻的婚姻关系出了问题。夫妻婚姻关系的维护和发展是家庭系统中的重要课题。

婚姻关系永远高于亲子关系。父母相爱，孩子也会懂得去爱。父母对孩子最好的爱，便是父母各自欣赏、关心和疼爱对方。

婚姻关系永远高于亲子关系。父母相爱，孩子也会懂得去爱。父母对孩子最好的爱，便是父母各自欣赏、关心和疼爱对方。父母相爱，才会散发出和悦的家庭味，孩子的心理才会有一种完整感和安全感。他感到自己的家庭是美好和幸福的栖息地。如果婚姻关系不良，则家庭中的成员都要被迫做出一些适应不良状态的改变，结果会在承受能力较弱成员的身上呈现出问题状态。这样的家庭成员常常是孩子。

成熟的夫妻要让孩子懂得，妈妈最爱的人是爸爸，爸爸最爱的人是妈妈，而妈妈和爸爸一起来爱自己。在一个健康的家庭里，如果养育的是男孩，要让他努力向爸爸认同；如果养育的是女孩，要让她努力向妈妈认同。而爸爸和妈妈则要给孩子做出社会性别的榜样。这是家庭中让男孩成长为男人，让女孩成长为女人的基本机制。

# 铺垫人生底色的依恋

一个人的成长，首先是发身于一个特定的家庭，然后在成长过程中扩展到外部的社会环境。家庭的所有成员构成了一个命运共同体。因此家庭带给孩子的影响是深入骨髓的、浸入心灵的，孩子浸染着家庭底色开始自己的心理成长。

人的成长是作为社会人的成长，是在他人的陪伴中心灵的成长。活着和如何活着本身始终都是问题，人的一生都走在心灵成长的路上。

幼儿阶段，成长的陪伴无论如何都是一件意义深远的事情。

依恋是孩子成长的第一个家庭教育课题。

婴儿出生，离开子宫，用“哇”的一声啼哭叩问世界。婴儿的啼哭在问两个问题：

我是谁？谁来关照我？

第一个问题需要人用一生的历程来回答，第二个问题需要即刻采取行动解决。

对于婴儿来说，这是一个从未来过的世界。当然，婴儿对于自己在这个世界上做什么、怎么做都一无所知。本能使然，他必须有所依赖，这是生存所需，同时也是成长所需。于是依恋关系建立了，一个人的心灵成长也开始了。这将是一个平凡而又神圣的历程，也是基于一个特定家庭展开的个人历程。

我们有理由相信婴儿具备了成为一个人的基本先天素质。如果得到后天环境的足够滋养，婴儿就会按照先天足具的潜在素质成长，成为一个后天足具的人。

依恋关系如何建立，对于婴儿来说，这是一件身不由己的事情。当然，这是抚养者该做的事情。一切就从这里开始了。

婴儿的心灵成长需要从抚养者那里获得必要的心理营养。而抚养者就成了婴儿心理世界的最初建构者。

我们不得不认同，婴儿的身体发育和心灵成长都建立在依恋关系之上。单体生命无法独自生存，每个人从出生开始就注定要与人建立并保持关系。心灵成长是在人际关系中的成长，依恋关系于是成了一个人最初成长的心理脐带。心理脐带的隐喻意味着，婴儿的心灵成长需要从抚养者那里获得必要的心理营养。而抚养者就成为了婴儿心理世界的最初建构者。

婴儿需要建构起对于个人关于这个世界的行为方式，这个建构的过程首先是在婴儿与抚养者之间重复的互动中进行的，真实生活的体验对婴儿成长有至关重要的影响。抚养者与婴儿互动的方式和他们给予的经验，对于婴儿的大脑发育、情感发展和机能成长有很大的影响。

生存和成长是婴儿面对人生的两个发自本能的课题。对于生存，婴儿有本能的安全需要；对于成长，婴儿有本能的探索需要。婴儿需要在两者之间建立起灵活的平衡。

在良好依恋环境中成长的儿童，与在缺乏依恋环境中成长的同龄人相比，在更高程度上表现出自尊、情绪健康、正性情感、主动性、专注力和社交能力。在学校里，那些具有婴儿良好依恋的儿童，常会很好地适应学校的学习环境。反之，则容易出现问题。

小丽的爸爸拉着小丽走进房间。小丽一脸怯生生的样子，那只小手--直拉着爸爸，直到坐进了沙发里也没放开。

“小丽跟爸爸好亲，上幼儿园了？”心理咨询师问。小丽看看爸爸，不答话。

“刚上幼儿园小班，就把一家人缠住了。”爸爸接过话头急急地说了起来。

小丽入园后没怎么适应，总是说害怕老师。说是老师很厉害，有的孩子不守纪律，就批评。其实老师没有批评过小丽，可小丽就是害怕。开始说肚子疼、腿疼，不愿意进教室。原来是奶奶送小丽上幼儿园，可是走到园门口就拉住奶奶哭闹。奶奶要哄好一阵才行。上周，小丽又要奶奶不要离开幼儿园。奶奶只好留下来，一会就过去看一看，一直守到中午才领着小丽一起回家。最近，又由爸爸送小丽上幼儿园，结果仍然送到园门口不肯放手。搞得爸爸上班迟到，焦虑不已。

小丽的妈妈呢？

“小丽1岁多的时候就不在一起了，是奶奶带着她。那时候她妈妈也不怎么管孩子，一跟我怄气就要，‘弄’孩子。”在孩子面前，小丽爸爸的表达有些婉转。

在小丽爸爸的眼中，小丽妈妈是一个说话有脾气、做事没耐性的女人，有了小丽之后竟然越发不讲情理，后来就离婚了。这些经历可能对小丽的成长有些影响，但也没办法。

孩子很小的时候最无力，因此也最需要获得依恋满足，以后才能带着注满依恋的安全感走向外面的世界。

跟妈妈在一起的孩子会认同妈妈的很多东西，温和的妈妈会带出温和的孩子，焦虑的妈妈则会带出焦虑的孩子。孩子很小的时候最无力，因此也最需要获得依恋满足，以后才能带着注满依恋的安全感走向外面的世界。不过，如果妈妈不在，孩子并不是一定就会缺乏安全感。一个像妈妈一样的人，我们叫她心理妈妈，同样可以满足孩子的成长需要。案例中小丽的家庭，可以认为是缺少这样一位像妈妈一样的人悉心地照料小丽。

不能不关注的一点是，早期依恋的方式对儿童后来、乃至一生的发展都有重要影响。如果没有这种早期的依恋关系，我们很难成长为一个完整的人。对于行为不良、长期被忽视和无家可归的儿童而言，分离和丧失这样的现实相当于心理脐带的阻滞和中断，有着无法预测的创伤性影响。如果我们第一次与人建立的联系不可靠，遭遇分离或损害，我们可能会把早年人生经历的感受和看法内化成人格因素，成为我们不信任的人际交往方式。

孩子0到5岁的阶段，应该跟父母一起生活。父母给予孩子充分的接纳、欣赏，与孩子的躯体接触，拥抱抚慰，让孩子与父母建立充满愉悦感的依恋关系。不过，现实的家庭生活总是情形各异，如果孩子在这个阶段不能跟父母在一起生活怎么办？甚至已经出现一些心理发展问题怎么办？

其实，儿童的心理发展并不是一种线性的逻辑关系，他们自身有一种自我成长的动力机制，会利用环境中的有利因素努力修复一些心理发展上的问题。而父母也需要利用可能的环境给予孩子依恋的补偿。当然，我们希望更多营造有利于孩子成长的家庭生活环境。

无论如何，家长们要了解依恋关系对于孩子成长的重要作用，创造条件建立良好的依恋关系。如果父母无法陪伴在孩子身边，作为替代的抚养者也仍然可以满足孩子的依恋需要。对于一些依恋不足的孩子，在回到母亲身边时，可以重新获得与母亲的依恋，并可以把依恋维持得更久一些。

# 让孩子拥有希望

希望作为人类的一种重要心理特质，是个体对将来的一种积极体验。希望一直是哲学、宗教等人文学科讨论和关注的焦点。

有一个潘多拉魔盒的神话故事。天神普罗米修斯从天上盗火种送给人类，人类学会了使用火，一片繁荣太平景象。主神宙斯却十分恼火，他决定要让灾难也降临人间。他命令他的儿子火神赫淮斯托斯用泥土制作一个女人，取名潘多拉。宙斯给潘多拉一个密封的盒子，里面装满了众神送给潘多拉的礼物，主要是祸害、灾难和瘟疫，将加害于众生。其中智慧女神雅典娜不甘如此，她为了挽救人类命运而悄悄把希望放在了盒子底层。潘多拉被好奇心驱使，打开了那只盒子。盒子里面所有的灾害、瘟疫等如恶魔一样飘逸出来，人类从此饱受折磨。潘多拉在慌乱中关上了盒子，结果把希望留在了盒底。

这个神话故事告诉我们，虽然将不断地遇到艰难困苦，但是我们最后仍然抱守着希望，因此我们才自我激励，百折不挠。

人的本质同希望有着不可分割的联系。人的一生都在怀着希望向前走，像河流一样，沿着一个朝向不息地流淌。不过，希望作为一种品质的形成，却是在生命启航的早期。

人的生命初期非常娇弱。婴儿一会要吃要喝，一会要抱要睡；环境不能过冷过热，也不能过干过湿。生命本能的需要是活下去，作为抚养者的妈妈首先要满足孩子的基本生活需求。同时，还要满足孩子被爱的基本精神需求。

孩子得到基本需求的满足，得到爱的滋养，会生成一种意象：“妈妈是爱我的，因此我是可爱的。”著名的精神分析家温尼科特，诗意地描述母婴关系互动中母亲的重要意义：“婴儿仰望他的母亲，在母亲眼中看见他自己。”

母亲要成为一面关爱的镜子、欣赏的镜子，让孩子的精神胚胎在妈妈的充满爱意、完全接纳的环境中得到滋养。

母亲在亲子关系中如同一面镜子，孩子在这面镜子中渐渐形成对自我的认识。与照镜子不同的逻辑在于，镜子是孩子的样本，作为镜子的母亲是什么，孩子就可能是什么。孩子幼年的成长会不加甄别地吸收母亲身上的一切，也吸收周围环境的一切。所以首先，母亲要成为一面关爱的镜子、欣赏的镜子，让孩子的精神胚胎在妈妈的充满爱意、完全接纳的环境中得到滋养。

妈妈的爱源源不断灌入孩子自我的蓄水池，孩子良好的自我也源源不断地生长。这种自我是充满自尊和自信的，也是充满乐观和积极的。孩子感到所有需求都能够满足，心理上就会产生可以放心依赖的安全感，感受到妈妈是可以信赖的。

所谓的安全感是说，父母能够一贯性地满足孩子的需求，让孩子在情感上体验到自己是安全的。父母是能够带来安全感的，由此父母代表的世界是美好的。有了对于自身生存的安全感，有了对于世界的美好向往，人的第二个生命本能才会生发出来：努力活得好。于是孩子会有努力探索的希望心态，即便前面是模糊不清，甚至充满风险的情境，他也不会退缩。

希望品质是让孩子形成两个信念：我是可爱的；这个世界是美好的。

希望是早年形成的一种基本品质，是伴随着安全感和信任感滋养出来的。可以看到，希望品质能让孩子形成两个信念：我是可爱的；这个世界是美好的。

其实，妈妈并不是一个全能的人。一般来说，难以百分百地满足孩子的需求。因此，孩子的人格当中，也不会是百分百的信任感。应该说，做一个通常意义上的好妈妈就好。如果形成太多的信任感，孩子会缺失对于社会的防范心理，容易上当受骗。而形成过少的信任感，孩子则会怀疑社会，阻碍自己的发展。

有些妈妈并不了解看似家常的养育行为会怎样影响孩子。有时候妈妈会出现厌烦情绪，粗暴地对待哭闹的孩子；有时候妈妈会出现倦怠行为，疏忽孩子的饥渴冷热等生理需求。有些妈妈因自身工作等原因不能陪伴孩子，就轻易地把孩子寄养在祖辈人家里。孩子早年如果真的缺失妈妈的爱会怎么样呢？或许到了成年才能看出心理之伤、无望之殇。

这是发生在2013年的一个震惊全国的事件。南京22岁母亲乐燕把两个亲生孩子活活饿死在家里。人们百思不得其解：这是怎么发生的？身为母亲，何以残忍至此？

乐燕的母亲来自南京城郊的农村，在打工中认识了她的父亲。乐燕的爷爷无法接受一个农村的儿媳，撕碎了这场阴差阳错的爱情。不过晚了一步，乐燕出生了。没过多久，她的母亲因偷窃被判两年劳教，解教后远走他乡。而她的父亲，则因盗窃罪蹲了监狱，之后一样出走他地。

从此，苦命的乐燕便与爷爷奶奶一起生活。但老人终究无法取代父母。当他们出门时，就把乐燕关在家里，这让她变得暴躁而阴郁。比如从窗台往外乱扔东西，一个人在屋子里大喊大叫。因父母未婚生育，小燕是黑户。黑户直接的影响就是乐燕无法上学，直至10岁时，乐燕才在社区的安排下走进附近的小学。但这时，乐燕已经心神散乱、无心向学。上课时她常常一个人跑到操场上。老师过去找她，她却回视一种仇恨的眼神。

乐燕的心里没有播下爱和希望的种子，甚至她不再信任这个世界。

13岁的某一天，乐燕离开了家，再也没有回来。离家出走后她的生活是混乱的。乐燕在酒吧做过推销员，在理发店打过杂，在餐馆洗过盘子，也在足疗店当过学徒。后来，她成了坐台小姐，并开始吸食毒品。2011年至2012年，乐燕未婚先孕，先后有了两个孩子。尽管做了母亲，但乐燕不知道怎么照料孩子。她甚至抱不稳孩子，似乎缺乏正常的母爱表达的方式。

不久，乐燕的男友因吸毒被判刑。照料两个幼小孩子的生活便落在乐燕身上，而这时的乐燕自称是“连自己都顾不过来，哪还顾得了孩子？”终于有一天，乐燕把孩子反锁在家里，自己寻找毒品而去，自甘颓废潦倒，最终酿成一场人间悲剧。

两个被饿死的孩子的童年与乐燕自身的经历惊人地相似。

法庭上，面对愤怒的大众，乐燕辩解说：“一个从来没有得到过爱的人，怎么给别人爱？”

身世不幸的乐燕居然概括了这么一句不加修饰却不失精辟的话！这难道不是揭示了一个深刻的道理吗？在生命启航的早期，母爱奠定了孩子一生的人格色彩。缺失了母爱，长大了就不会去爱；播种了冷漠，长大了就心如冷血；经历了混乱，长大了就混沌无序。

要特别提示的是，孩子在出生后的第一年很重要，母亲要懂得婴儿期亲自陪伴照料的重要性。要对孩子身体上爱抚拥抱、精神上关注悦纳，促进孩子与母亲形成温暖、安全的关系。在这样信任的依恋关系中能够形成希望品质最初的底色，孩子长大后才会活泼、开朗、自信，懂得爱，乐于并主动向外探索未知的世界。

# 孩子自主成长需要意志的力量

在孩子成长的早期，要谈到意志的问题。意志是人自觉地确定目的并采取行动，努力去实现目的的心理过程。通俗地说，意志就是让人去做好应该做的事情。不要认为意志是长大一些再去培养的品质，实际上，从孩子离开妈妈身边那一刻就开始了。

大约从九个月开始，婴儿从母亲身上爬开，尝试用自己的身体探索周围环境。一周岁之后，孩子更多地离开妈妈，体验身体跟环境的关系，走、看、拿、尝，努力唤醒和发展身体的各种功能。能够自由地支配自己的身体活动，是意志发展的前提条件，也是自主成长的开始。

刚学会行走的阶段，孩子探索环境的行为是盲目的、任性的。他会走到沙发后面看看，走到其他房间看看，所有的东西都是新鲜的。如果给他一根木棍，他会用木棍到处敲打。他不仅在探索环境，也在感受自己的身体跟环境的关系。

父母在这个阶段自然懂得要保护孩子的安全，看护好孩子，仔细检查并清理环境中的危险因素。同时，也不能因此禁止孩子的探索行为，尽管孩子会把环境搞乱、搞脏。

孩子在任性探索的同时，父母就要规范甚至制止孩子的不当行为。比如，孩子用棍子乱敲，拿玩具乱摔，可能会造成破坏性结果，父母要及时制止。其实，开始就不要让孩子拿到可能导致危险的物品，让孩子在探索中逐渐学会按规则做事。

其中有一个体现孩子自主的社会人行为，所有父母都经历过或都会经历：训练孩子大小便。随意大小便并不会导致危险性后果，但是作为一个社会人，要求他不能随意大小便。于是父母在孩子的生理功能初步完善之后，就要训练孩子到卫生间大小便的习惯。控制自己的排便行为，这就是让孩子做好应该做的事情。

2—3岁期间，妈妈几乎每天都在跟孩子进行着任性与规则的冲突。这一阶段正是幼儿情绪控制发育的关键期，当然也是情绪培养和建立规则的关键期。孩子会不听话，甚至哭闹不止，他的玩具永远还缺一件，他的要求妈妈总是难以满足。

明智的妈妈这时候会懂得温柔地坚持，守住自己的教养底线，在孩子的任性和规则之间建立微妙的平衡。自己做事有规则的妈妈更懂得要这样做。如果纵容孩子的任性，孩子便会把任性当作理所当然，长大之后会视规则为一种难受的约束，甚至无视规则的存在。如果过多控制孩子，孩子则会滋生依赖心理，看着妈妈的脸色行事，长大之后会保守退缩，探索动力不足，影响个性化成长。

阿宝妈来找心理咨询师，语气急匆匆地。怎么办？怎么办？阿宝居然屡屡从家里偷钱。开始是10元、20元的，后来是100元、200元的。阿宝是小学二年级学生。

动手都是没人的时候、半夜的时候，我和他爸爸都不知道。从手袋里偷，从口袋里偷。你锁在柜子里、塞在床底下他都找得到。开始的时候还没太在意。孩子买零食忍不住拿几个钱，骂几句，管教管教也就过去了。

最近越发升级了，开始偷同学的钱，搞到外面去了。这还了得。打，他爸爸气得要命，不打怎么办？打了就认错，错了不改，几天后照样干。问他为什么，他说管不住自己！脑子里想着买东西，没钱了就到处找。

你说他拿钱干什么？学校边有一个小卖店，专赚小学生钱。买零食、买饮料，他自己吃喝不算，还要送人，说是交朋友。花钱可大方了。

还有一个更离谱的事。阿宝跟他朋友不知为什么打赌，输了，结果给人家花800元买了双名牌跑鞋。倒是人家好心的家长给送了回来。你问他为什么出手这么大方，人家说是不给买鞋就跟他绝交！就为这！

学习就别提了。老师三天两头告状。阿宝上课不听讲，说小话，提问一叫三不知。学习成绩在班里倒数！

天天回家要看着他做作业，也不知道他的心怎么那么毛躁。像个毛猴子三两下做完作业就要出去玩。我家周边的环境就是一个大村子，比不上城里的社区。阿宝出去就跟外边的一群半大小子瞎混。

我什么办法都想了、都试了，不管用。阿宝一天什么都不想，由着性子来，东一头西一头，想一出是一出。人家吹号他就冲锋，人家放线他就咬钩，整个一个没头没脑、没心没肺的浑小子。天天跟着他提心吊胆，不知道啥时候就给你惹祸。

小时候就是放养，我们都忙，也没怎么管孩子。孩子没规没矩，做事没常性，就是由着性子长大的。我看这孩子就是小时候野惯了，这会不好收了。

阿宝是一个很有代表性的淘小子。他的心理是一个什么状态呢？

阿宝的心里像是装着一群小兔子，它们是正在成长的欲望。这群小兔子小时候没有经过管束和调教，始终处于一种任性的状态。现在小兔子野惯了，在心里跳来跳去，阿宝就被牵着跑东跑西。他对这个世界有很多好奇，而且还不习惯很多做事的规矩。看到商店里的一些新鲜东西，他甚至想伸手拿了就走。当然阿宝很快就明白了，有钱就可以换到自己喜欢的、需要的东西。阿宝觉得学习是一件束缚人的事，不能任性所为。都说学习好了将来才可以去做事，可阿宝实在想不到那么远。阿宝需要有朋友。他感到从老师那里得到的只有数不尽的批评、责怪，那种感觉很不舒服。阿宝希望自己是一个重要的、被尊重的人。很遗憾，阿宝在学习上找不到这种感觉。阿宝喜欢跟朋友在一起，因为朋友才会重视他。所以，阿宝每次买零食都愿意与同学分享，他甚至愿意在同学买零食时买单。当同学投来感激的目光时，阿宝觉得十分惬意。

阿宝妈的感觉是对的，阿宝现在的无拘无束是因为小时候“野惯了”，过于放任的孩子必然缺少意志成分和规则意识。看到现在躁动不安的阿宝，我们清晰地意识到幼儿阶段意志培养的重要。

孩子的意志就在与任性的较量中生长着。为了达到目的，他需要调整和约束自己的行为，坚持做一些应该做的事情，建立起内心的工作秩序。如果这样做了，他就能够体验到期望的结果，他的意志品质就会生长。

多数家庭在孩子幼儿阶段都会做一件事，让孩子参加兴趣班学习。学乐器、学表演、学舞蹈、学游泳，这是一个不错的有益成长的选择。让孩子参加兴趣班学习，其实，不仅是让孩子练好发展特长的童子功，更重要的是，让孩子坚持做一件事，并且把它做好，培养好意志品质。

孩子建立核心自我的过程之一是对父母行为形成认同。父母的榜样作用远远胜过言语说教。

孩子的意志发展与家庭教养环境关系密切。很多家长常常想的是督促孩子去学习，却没有想到，如果家庭生活是有序的，父母生活状态是积极的，孩子受到的就是有序环境的浸染，就是良好成长的影响。家长要明白这个道理，孩子建立核心自我的过程之一是对父母行为形成认同。父母的榜样作用远远胜过言语说教。

# 陪伴成长的人际关系

我们已经知道，每个人从出生开始就注定要与人建立并保持关系。但是对于孩子来说，早期的依恋关系还是一种身不由己的关系。

依恋关系中不仅有孩子与母亲建立的母子关系，还有与父亲建立的父子关系。由于哺乳的原因，婴儿期的母子关系成为婴儿首先与他人建立的亲密关系，但这并非意味着父子关系可有可无。当孩子可以脱离妈妈的怀抱，他会发现跟爸爸建立亲密关系同样重要。这是建立人际关系最初的形态。

孩子慢慢成长，有了自主意识和自主行为。当孩子终于可以走出家庭，他看到了很多跟他一样的孩子。他需要跟他们打交道。如何与人交往的问题凸显出来。

喜欢跟他人在一起吗？是主动交往还是被动交往？是善意为主还是防范为主？是多些包容还是多些冲突？

首先，与人交往的方式与依恋关系的方式有关。依恋关系是接纳的还是排斥的？是温暖的还是冷漠的？是满足的还是缺失的？是和谐的还是冲突的？孩子在走出去与人交往之前，已经在依恋关系阶段建立了人际交往的最初模式。

有一类孩子叫作留守儿童，他们在幼儿期的关键几年并没有跟父母在一起，而是跟着祖辈人一起度过的。他们其中一些人的依恋关系形成了特殊的模式。有的表现为冷漠，有的表现为退缩，有的表现为防范，有的表现为攻击。当他们回到父母身边时，这些表现在新的环境中呈现为不同程度的人际适应问题。

拉拉今年8岁，上二年级，平时说话很小声，上课心不在焉，小动作不断。你说两句，她就闹情绪了。一次上课，拉拉转过身跟后面的同学玩。老师说，你要是喜欢这样做就别转过来了。你猜怎么着？拉拉“哇”地一声哭个不住，而且真就不肯转过身来了，搞得老师左右为难。还有，拉拉性格内向，话语很少，在班里只有一个朋友。不巧的是，拉拉的这个朋友话语也少，两个人在一起，就像是两个闷葫芦，见面没几句话，就各玩各的了。问一声玩得怎么样，两个人都说感觉很好，真没见过这么默契的。两个闷声不响的孩子让两家家长急得不行。

因为拉拉妈工作的关系，拉拉4岁以前是由外婆带大的。外婆话很少，一整天说不了几句话，所以拉拉习惯了沉默寡言。上幼儿园时，发生过一件事。一天，不知为什么拉拉跟别人闹了别扭，结果在桌子底下躲了一整天，过了几个月拉拉才断断续续说出这件事。后来，拉拉妈感觉拉拉的表现越来越焦虑，遇到不如意的事就闹情绪，也不愿意说清楚。按拉拉妈的话说，拉拉是生活在自己的世界里，要走进她的世界才能懂得她的心思。

儿童的心理是一个人际关系的世界，小时候经历的人际关系，将影响到以后的成长。拉拉早期的人际关系有些单调和乏味，安全感不足。这些问题在人际关系日渐丰富的小学阶段显露出来了。

儿童的心理是一个人际关系的世界，小时候经历的人际关系，将影响到以后的成长。

与他人建立适当的人际关系，首先是人的社会化成长的需要。每个人都要按照社会行为规范、准则做事，这个学习的过程就是社会化。孩子首先是在家里学习，然后上幼儿园学习，上学校学习。这个学习的过程是个人通过参与群体活动完成的，是个人通过与他人的人际关系互动完成的。我们常见到有些孩子在学校中与人或冲突不断，或受人排斥，或消极退缩，表面上看是人际关系不良的表现，实质上是社会化成长的问题。

与他人建立良好的人际关系，还是自我成长的需要。一个独立的社会人的成长，并非是孤立进行的，而恰是在群体中进行的。孩子的成长一方面要按照社会的规范和习俗进行；另一方面，孩子更要成为可能的自己。在探索“我是谁”的过程中，孩子要通过与他人比较、互动乃至竞争进行。

在很多父母心目中，孩子的人际关系如同吃饭睡觉一样自然而然，不必特别关注。殊不知早期的人际关系，特别是父母跟孩子互动的态度与方式，对于孩子的成长影响巨大。

有经验的父母会很注意这方面。营造充满爱意的家庭氛围，经常与孩子一起做游戏，培养他形成一种喜欢与人交往的宜人品质。多与孩子进行语言交流，听故事，讲故事，提高孩子的语言能力。多创造机会，让孩子接触各种人，学习跟不同的人交往。另外，还要注意让孩子在交往中学会懂礼貌、会合作、能分享、守规则。

# 帮助孩子管理自己的情绪

每个人都能感受到自己的情绪。情绪是如欣喜、愤怒、哀伤和恐惧的感受。情绪是一种对外界事物的主观体验，如与人争吵而发怒、被狗追咬而惧怕等。情绪涉及生理上的变化，如心跳加速、肌肉紧张、出汗等。情绪还可描述成表达性行为，如大笑、哭泣、哀伤等。

在某种意义上说，我们具有两个大脑，情绪脑和理性脑，相应地有两种智力，情绪性的智力和理性的智力。在处理外界信息时，情绪脑比理性脑快得多。打个比方说，情绪脑走的是短通路，理性脑走的是长通路。而一旦情绪脑开始活跃时，理性脑就相对被抑制了，这就是为什么人在情绪状态时会不理智的原因。

幼儿阶段是情绪智力发育的关键期。一般情况下，家长对于孩子早期的智力培养比较重视，而对于孩子情绪管理和情感教育则认为不那么重要，甚至孩子哭闹时会跟孩子发脾气。有一种说法，孩子未来发展的20%取决于智商，80%取决于情商。这种说法告诉我们，对于孩子未来的发展起主要作用的是情商。一个孩子即便有很高的智力，也会遇到各种困难、挫折和不如意，这时他需要用健康的情绪、情感来保障自己的成长。所以，从小呵护孩子的情绪，帮助孩子学会管理自己的情绪非常重要。

了解了情绪是怎么一回事，我们就可以谈如何帮助孩子管理自己的情绪了。

首先，要让孩子学会感受和识别自己的情绪。当孩子产生某种负面情绪了，家长要接纳他，并帮助他表达自己的感受。帮助孩子管理自己的情绪有一个原则，叫作先回应和处理情绪，后核实和处理事情。这是因为当人处于情绪状态时，情绪脑是兴奋的，理性脑是抑制的。情绪脑处于优势的控制状态，它阻碍着理性脑出来冷静地处理事情。看看生活中常见的亲子交流的场景。

帮助孩子管理自己的情绪有一个原则，叫作先回应和处理情绪，后核实和处理事情。

**场景一**

孩子从幼儿园回来气鼓鼓地说："今天有人打我！"

妈妈回应："谁打你了？怎么会打你？"这种回应是没有关注情绪，直接去处理事情。

孩子一下子声音高了："就是小明，他用脚踢我……"接下来可能发生的就是孩子愈发气恼地宣泄被打的情绪。情绪没有得到关注和处理，结果会愈加糟糕。

**场景二：在孩子有情绪的情况下，这种回应首先应该围绕情绪展开**

孩子从幼儿园回来气鼓鼓地说："今天有人打我！"

妈妈平静地回应，同时观察："噢？有人打你，你当时一定很气愤，妈妈看到你现在还在为这件事生气。"

"是的。"孩子仍然愤愤不平，但有所平静。

晚饭后，孩子的情绪平息了，妈妈再问："你要不要告诉妈妈今天发生了什么事？"这是一种即尊重又关心地发问。孩子这时会愿意开口说话，理性地陈述事情经过。妈妈跟孩子一起商量如何处理在幼儿园发生的事。

场景二中妈妈平静地回应，就是在帮助孩子感受和识别自己的情绪状态，同时也是对于孩子的情绪表示出充分理解与接纳。这样做的目的是先关注和处理孩子自己的情绪，而不是那个打人的事情。孩子意识到妈妈理解接纳了自己的情绪之后，会很快平静下来。

帮助孩子管理自己的情绪，有一个神奇的6秒法则。心理学家研究发现，人脑中最古老的边缘系统主管情绪，最晚进化出的大脑皮层主管认知。边缘系统和脑皮质的区别在于，边缘系统的反应速度比脑皮质的反应速度快8万倍。结果就是，事情发生后，边缘系统会第一时间产生情绪反应，6秒后，大脑皮层才能做出认知处理。

这个道理告诉我们，遇到生气的事情，要帮助孩子控制住想发脾气或动手的冲动。可以做一做深呼吸，可以回避一下可能发生冲突的现场，6秒后再做决定，让理性脑做出理智的决策。

实际上，具体操作时不必拘泥于6秒的时间。6秒法则的实质是，遇到生气的事情时冷静一下，闭上眼睛，平稳呼吸，移开思绪，放缓声音，克制行动，引导理性脑出来工作。

当然，作为家长自己首先就不要情绪化做事。有些家长脾气暴躁，在管教孩子的过程中，常常因为孩子不听话而采取简单粗暴的方式处理，表现出的是既不接纳也不理解孩子的情绪。这样只能起到负面的作用，不利于孩子情绪的健康发展。

帮助孩子管理自己的情绪，有一些方法是针对调整生理指标的。我们知道，情绪发生的同时会伴随发生生理上的变化。比如愤怒时会呼吸急促，焦虑时会睡眠不良。我们可以采取一些诸如放松呼吸、适当运动、听听音乐、回避事件现场等方法来调整情绪。

帮助孩子管理自己的情绪，还有一些方法是针对调整认知的。我们知道，情绪的发生主要是对外界事物的主观体验。是对事物的看法引发了情绪，而不是事物本身。比如，没得到老师的关注会生气，没得到奖励会有怨气。孩子大一些了才可以采用调整认知的方法。家长可以帮助孩子采用换位思考和改变认知的方法调整情绪。

# 家庭中的亲子关系

亲子关系的重要性仅次于婚姻关系。可以这么理解亲子关系的重要性：家庭是孩子社会性成长的子宫，亲子关系是孩子心理成长的脐带。这句话的意思是说，孩子出生之后，心理开始成长，这个成长是社会意义的，而最初的社会性成长是从家庭开始的，于是家庭成了孩子心理成长的子宫。孩子的心理成长主要是受父母的影响，即是说，孩子成长需要的心理营养是通过亲子关系进行的，所以，亲子关系就成了孩子心理成长的脐带。这种比喻让我们更能够感受到亲子关系的重要意义。

家庭是孩子社会性成长的子宫，亲子关系是孩子心理成长的脐带。

亲子关系在婴幼儿的依恋阶段就呈现出不同的类型。

心理学的研究告诉我们，依据抚养者与婴儿建立起来的关系不同，有三种不同的依恋类型：安全型、回避型和矛盾型。

安全型婴儿能够很好地协调安全和探索的关系。若他们感到安全，便按照自己的本能乐趣去探索周围环境；若他们感到不安全，便向照料者寻求安慰。一般来说，安全型婴儿是在足够好的母亲帮助下形成的。足够好的母亲能够对婴儿发出的各种需求信息做出及时反应，并能够顺畅地与婴儿的节奏相协调，而不是过度控制或过度忽视。

回避型婴儿的主要特点是反应漠然。不管母亲离开或者回来，他们似乎都无动于衷，情感疏离，只是独自地做自己的事情。他们这种表现很容易被人误解为平静，其实心中充满痛苦。这些回避型婴儿认为自己想要得到安慰的表示没有用处，这是过去的经验告诉他们的。因此，他们放弃了要求。这些回避型婴儿的母亲，多是由于各种原因，主动拒绝婴儿想要亲近的请求。

矛盾型婴儿过于在意母亲在哪儿，似乎对母亲的行踪时刻担忧，以至于无法自由地探索。可是，他们和母亲相处时并不愉快，或表现出大发脾气，或胆怯地向母亲寻求安慰。他们似乎一直要寻找一个能提供安全感的母亲，即便母亲在场也是这样。这些矛盾型婴儿的母亲不能及时和经常满足婴儿亲近的需要，即不能提供安全感的需要。

我们已经知道，那些婴儿期获得安全依恋的儿童，常会很好地适应学校的学习环境。

我们再看亲子关系。在不同依恋关系的基础上，一般来说，形成四种亲子关系的类型：权威民主型、溺爱满足型、冷漠忽视型和控制干涉型。

权威民主型的关系表现在父母尊重和理解孩子，同时父母又保持着长者的指导权威。溺爱满足型的关系表现在家长以孩子为中心，不加限制地满足孩子的各种需要。冷漠忽视型的关系表现在家长对孩子冷漠相待，关注不足，与孩子形成心理隔阂，不理睬孩子的心理需求。控制干涉型的关系表现在家长以自己的想法为主，强制孩子按照家长的安排做事。

就像依恋关系会影响孩子后来的成长一样，在不同类型亲子关系的家庭中生活的孩子，会形成不同的性格。请看三种问题类型的案例。

A——小可，一个活泼的9岁女孩，读小学三年级。小可聪明伶俐，在家里很受疼爱。不管是爷爷奶奶，还是爸爸妈妈，只要小可要什么，马上尽力满足。小可在班里学习成绩好，很是高高在上的样子，对一般同学都看不起，最受不了的就是别人批评她。在家里也是这样，谁要是说她两句，立马脾气来了，闹脾气时可以一天不吃饭、不理人。

B——小莫，一个很少说话的男孩，读小学四年级。小莫从小被寄养在姨妈家，一直到小学三年级才回到父母身边。姨妈只是尽到抚养的责任，跟小莫沟通较少。父母已经失去陪伴孩子成长的幼年期，小莫回到父母身边后跟爸爸妈妈的情感很冷漠。爸爸是一个工作狂，每天经常很晚才回家。妈妈则是一个麻将迷，很少理会小莫的事。在学校里，老师说小莫是一个很少见到笑脸的男孩。

C——小格，一个低眉顺目的女孩，读小学二年级。父母对小格的要求很严厉，每天回家除了做作业，其他事情一律不许做。而如果小格的作业完成得不够好，妈妈会训斥打骂。所以，在家里小格看上去很乖巧。在学校里，小格显得胆小退缩，总是一副很怕做错事的样子。

在权威民主型的亲子关系中，父母既尊重孩子，又对孩子有要求；既给孩子充分的成长空间，又温柔地坚守孩子任性的底线。而且，父母又能够很好地把握操作的技巧。一般认为，权威民主型的亲子关系对孩子的成长最有利。

在溺爱满足型的亲子关系中，家长过度宠爱孩子，对孩子的要求想尽一切办法满足。孩子会认为自己的所有需求都得到满足是应该的，自己是家庭的事务中心。“我在家里这么受到宠爱，我在哪里都应该受到宠爱。”在这样的亲子关系中，孩子容易任性自私、不懂礼貌、缺乏同情心。在人际交往中，他们会缺乏责任感、不懂得关心别人和换位思考，显得幼稚不懂事，难以建立良好的人际关系。案例A就是这种情况。

在冷漠忽视型的亲子关系中，家长感情冷漠，与孩子很少沟通，对孩子的成长不闻不问。此外，忽视还可能表现为对孩子体罚、虐待、威胁等。在留守儿童的家庭和父母忙于工作的家庭中常见到这种情况。“你经常冷漠对待我，我习惯了冷漠对待别人。”在这样的亲子关系中，容易导致孩子性格冷漠消极、孤独自闭，人际关系疏远，解决问题缺乏弹性，乃至对家庭和社会产生敌对心理，甚至成为问题儿童或青少年。案例B中的小莫就是这样，只是还没有发展到更严重的程度。

在控制干涉型的亲子关系中，家长与孩子之间的关系很紧密，但都是出于家长一方的意愿。家长主要是出于期望的态度对待孩子，希望孩子按照家长的意愿成长。这里有两种情况。一种是家长给孩子制定成长计划，要求孩子一定要按家长的安排做事。一种是孩子出现了一些问题，家长采用强制手段进行纠正，其中不乏打骂等方式。控制干涉型的家长多有对孩子的学习、健康、前途等过分担忧的心理。孩子倒乐得省心，“既然你要决定我的事情，我就懒得自己决定自己的事情了”。在这样的亲子关系中，孩子的独立性发展会受到影响，社会适应性差。由于习惯被父母控制，他们做事没有主见，心理承受能力差。从案例C中小格的表现我们看到，这样的孩子遇到困难容易灰心退缩，甚至焦虑不安。此外，如果到了青春期，他们的叛逆行为会更强烈。

我们曾就家庭教育影响因素在深圳市的学校作过一项调查，其中一个结果颇有启示：父母的学历水平并不构成对孩子心理成长的影响，产生影响的直接因素是家庭氛围。家庭氛围的含义是：孩子感受到父母的关心如何；感受到家庭氛围如何；与家人相处如何；跟家人交流如何……这里主要指的就是亲子关系。这个结论的重要意义就是，无论家长文化水平如何，都是可以教养出好孩子的。有些家长大可不必以自己文化水平低为由，在教养孩子方面推卸责任。不懂不会都不要紧，家庭教育是父母与孩子共同成长的过程。

无论家长文化水平如何，都是可以教养出好孩子的。

你的家庭亲子关系接近以上哪种类型？孩子的成长因此受到了什么影响？

# 拓展阅读

## 婴儿到青少年期的发展阶段一览表之婴儿期（出生—2岁）

| 情景中的自我理论观点 | 艾里克森的心理社会发展观点 | 潜在的问题 |
| --- | --- | --- |
| 这是发展移情能力和情绪协调能力的阶段。具体的任务有：学会说话、学会表达自己的需要、发展肌肉协调能力，认识到自己是一个独立的个体、信任他人等。婴儿要学会坐、站、走、跑、摆弄物体以及进食等。他们会传达挫败感，也会表达幸福快乐。 | 婴儿期：基本任务是发展对自我、他人以及环境的信任感。婴儿需要被关怀、被爱的感觉。如果出现安全感的缺失，会导致怀疑以及对人际关系的不信任。<br>主要冲突：信任对不信任。<br>核心品质：希望。 | 起源于婴儿期的成年的人格问题可能有：贪婪、贪得无厌，还有可能会猜疑、害怕帮助他人、拒绝友情、对爱和信任的恐惧、低自尊、孤僻以及难以形成和维持亲密关系等。 |

## 婴儿到青少年期的发展阶段一览表之儿童早期（2岁—6岁）

| 情景中的自我理论观点 | 艾里克森的心理社会发展观点 | 潜在的问题 |
| --- | --- | --- |
| 这个阶段的主题是提高和他人的相互依赖程度。在本阶段，儿童的语言能力和肢体运动机能会有显著提高。这个阶段儿童的主要任务是提高自己的情绪能力，包括学会延迟满足。儿童开始知觉到自己和他人在性别、种族和能力水 | 幼儿期：发展自主的阶段。如果儿童在这个阶段没有完成学会自我控制的任务，将会导致儿童失去自信心，怀疑自己的能力。<br>主要冲突：自主对怀疑。<br>核心品质：意志。<br>学前期：本阶段的主要特征是游戏以及角色预期。儿童在这 | 儿童会体验许多消极感觉，如敌意、愤怒、破坏、生气和仇恨等。如果这些感觉不被接受，个体以后就不能接受他们自己的感受。父母亲可以通过言词或非语言的方式来表达他们的意见。消极的学习体验可 |

（续表）

| 情景中的自我理论观点 | 艾里克森的心理社会发展观点 | 潜在的问题 |
|---|---|---|
| 平上存在不同。其他任务还有：学会和他人一起游戏、学会分享、发展同伴关系、开始认识到自己是和周围所处的世界相联系的，还有提高信任他人的能力。 | 个阶段要建立竞争性和主动性。如果儿童不被允许主动做决定，他们就会倾向于发展出内疚感。<br>主要冲突：主动对内疚。<br>核心品质：目的。 | 能导致个体对自己自然冲突的内疚感。父母亲的严格教导可能导致儿童的刻板、强烈抵触、自责以及自我宣告有罪的倾向。 |

## 0—3岁年龄段的家庭教育指导

1. 0—3岁儿童的身心发展特点

婴幼儿期即从出生到大约3岁，是个体神经系统结构发展的重要时期，儿童身高和体重均有显著增长；遵循由头至脚、由中心至外围、由大动作至小动作的发展原则，逐渐掌握人类行为的基本动作；语言迅速发展；表现出一定的交往倾向，乐于探索周围世界；逐步建立亲子依恋关系。

2. 家庭教育指导内容要点

（1）提倡母乳喂养，增强婴儿免疫力。指导乳母加强乳房保健，在产后尽早用正确的方法哺乳；在睡眠、情绪和健康等方面保持良好状态，科学饮食，增加营养；在母乳不充分阶段采取科学的混合喂养方法，适时添加辅食。

（2）鼓励主动学习，掌握儿童日常养育和照料的科学方法。指导家长按时为儿童预防接种，培养儿童健康的卫生习惯，注意科学的饮食调配；及早对孩子进行发展干预，让孩子多看、多听、多运动、多抚触，带领儿童开展适当的运动、游戏，增强儿童体质；了解儿童成长阶段的特点和表现，学会倾听、分辨儿童的“语言”，安抚儿童的情绪；学会了解儿童的发病征兆及应对方法，掌握病后护理常识。

（3）设定生活规则，养成儿童良好的生活行为习惯。指导家长了解婴幼儿成长的规律及特点，为儿童设定日常生活规则，并按照规则指导儿童的日常生活行为；重视发挥父亲的角色作用，利用生活场景进行随机教育；指导家长采用鼓励、表扬等正面强化教育措施，塑造儿童的健康生活方式。

（4）加强感知训练，提高儿童感官能力，预防儿童伤害。指导家长创设儿童自如爬行、充分活动的独立空间与条件，随时、充分地利用日常生活中的真实物品和现象，挖掘其内含的教育价值，让儿童在爬行、观察、听闻、触摸等训练过程中获得各种感官活动的经验，促进儿童的感官发展。同时，要加强家庭保护，防止意外伤害发生。

（5）关注儿童需求，激发儿童想象力和好奇心。指导家长为儿童提供抓握、把玩、涂鸦、拆卸等活动的设施、工具和材料；用亲子游戏的形式发展儿童双手协调、手眼协调等精细动作；用心欣赏儿童的行为和作品并给予鼓励，分享儿童的快乐，促进儿童直觉动作思维发展，满足儿童好奇、好玩的认知需要。

（6）提供言语示范，促进儿童语言能力发展。指导家长为儿童创设宽松愉快的语言环境；提高自身口语素养，为儿童提供良好的言语示范；为儿童的语言学习和模仿提供丰富的物质材料，运用多种方法鼓励儿童多开口；积极回应儿童的言语需求，鼓励儿童之间的模仿和交流。

（7）加强亲子沟通，养成儿童良好情绪。指导家长关注、尊重、理解儿童的情绪，多给予儿童鼓励和支持；学习亲子沟通的技巧，以民主、平等、开放的姿态与儿童沟通；客观了解和合理对待儿童过度的情绪化行为，有针对性地实施适合儿童个性的教养策略。培养良好的亲子依恋关系。

（8）帮助儿童适应幼儿园生活。入园前，指导家长有意识地养成儿童自理能力、听从指令并遵循简单规则的能力等。入园后，指导家长积极了解儿童对幼儿园的适应情况，在儿童出现不良情绪时，通过耐心沟通与疏导来稳定儿童的情绪，分析入园不适应的原因，正确面对分离焦虑。

## 4—6岁年龄段的家庭教育指导

1. 4—6岁儿童的身心发展特点

4—6岁是儿童身心快速发展时期，具体表现在：儿童的身高、体重、大脑、神经、动作技能等方面获得长足的进步；大肌肉的发展已能保证儿童从事各种简单活动；儿童直觉行动思维相当熟练，并逐渐掌握具体形象思维；儿童词汇量迅速增长，基本掌握各种语法结构；儿童开始表现出一定兴趣、爱好、脾气等个性倾向，以及与同伴一起玩耍的倾向。

2. 家庭教育指导内容要点

（1）加强儿童营养保健和体育锻炼。指导家长带领儿童积极开展体育锻炼；根据儿童的个人特点，寻找科学合理而又能为儿童接受的膳食方式；科学搭配儿童饮食，做到营养均衡、种类多样、比例适当、饮食定量、调配得当；不断学习关于儿童营养的新理念、新知识。

（2）培养儿童良好的生活和卫生习惯。指导家长与儿童一起，制定儿童的家庭生活作息制度；积极运用奖励与忽视并行的方式，纠正并消除儿童不良的行为方式与癖好；定期带领儿童进行健康检查。

（3）抓好安全教育，减少儿童意外伤害。指导家长提高安全意识，尽可能消除居室和周边环境中的伤害性因素；以良好的榜样影响、教育、启迪儿童；结合儿童的生活和学习，在共同参与的过程中对儿童实施安全教育，提高儿童的生命意识；重视儿童的体能素质，通过活动提高其自我保护能力。

（4）培养儿童良好的人际交往能力。指导家长关注儿童日常交往行为，对儿童的交往态度、行为和技巧及时提供帮助和辅导；注意培养儿童多方面的兴趣、爱好和特长，增强儿童交往的自信心；开展角色扮演游戏，帮助儿童在家中练习社交技巧，并积极为儿童创造与同伴交往的机会，培养儿童乐于与人交往的习惯和品质。

（5）增强儿童社会适应性，培养儿童抗挫折能力。指导家长鼓励儿童以开放的心态充分展示自己，同时树立面对挫折的良好榜样；充分利用传播媒介，引导儿童学习面对挫折的方法；适时、适宜地在儿童成长过程中，创设面对变化与应对挫折的生活情境与锻炼机会；在儿童遇到困难时，以鼓励、疏导的方式给孩子以必要的帮助与支持。

（6）丰富儿童感性知识，激发儿童早期智能。指导家长带领儿童关心周围事物及现象，多开展户外活动，以开阔儿童的眼界，丰富儿童的感性知识；灵活采用个别化教育手段，有针对性地鼓励儿童积极活动、主动参与、积累经验、发展潜能；改变传统的灌输、说教方式，以开放互动的方式让儿童在玩中学、在操作中探索、在游戏中成长。

2

第二章

# 向外成长

## 小学阶段

# 本章导读

走出家门、走进校园的孩子开始了社会化成长的历程。这是孩子开始学习读、写、算的时期。他对于自己的性别、生活和自身的能力开始有所认识。同样，他对于自己的家庭、同伴以及社区之间的关系开始有更多的了解。他认识的环境范围逐渐扩大，眼界也逐渐放开。他开始对这个世界感兴趣，而且他感觉到需要不断增长学识和能力来理解和操控这个世界。学校是一个小社会，孩子需要适应学校里的各种规章制度，与老师同学和谐相处，成为融入班集体的合格成员。这种融入本身就是社会化的基本内容。

这一阶段作为社会化的个人品质成长是获得勤奋感。前面一章谈到的培养意志品质有助于在这个阶段获得勤奋感。

小学阶段是孩子在学校连续生活最长的一段时间，这段时间孩子的身心变化都很大。为便于理解，孩子社会化成长的任务可以作一个阶段划分。当然这些任务除了重点表述的阶段性，还有成长的连续性。

一、二年级是环境适应的关键期，要让学生喜欢学校，以形成生活规范和培养良好习惯为主；注意培养孩子良好的学习行为和端正的学习态度。

三、四年级是孩子成长的一个重要转折阶段。8—9岁儿童情感发生较大变化，从情感外露、浅显向内控、深刻发展。特别是9—11岁阶段，大脑正处于内部结构和功能完善的关键期，是培养学习能力、情绪能力、意志能力的爬坡时期，也是学习习惯的定型期，各种自适性的学习习惯开始逐步固化下来。

五、六年级开始进入小升初阶段。孩子的独立能力增强，自控能力和学习主动性有所增强。需要鼓励其多参与社会性活动，并提高做事的坚韧性，促进自我意识发展。六年级开始进入青春早期。孩子的自主意识逐渐增强，但情绪出现较大波动，开始出现自我困惑的问题。

# 成长是一个挣扎的过程

小刚今年上一年级，性格比较内向，不善于与人沟通。今天上学小刚在课堂上大哭不止，甚至无法继续上课，对新学校、新环境表现出明显的不适。妈妈对此十分不解，到底学校里发生的什么事情让小刚这样焦虑？莫非跟早年的生活经历有关？

小刚在幼儿园阶段有过一次全托的经历。当时带他4年的爷爷奶奶回老家了，由于不放心另外请保姆，爸爸妈妈生意又忙，就将4岁的小刚送去全托。那时小刚经常哭，每个星期一都不愿意上学。每次妈妈送去幼儿园，分别时他总会反反复复说："妈妈，你一定要早点来接我！" 即使你不断地答应他，他还是不断地重复说，一直说到幼儿园门口。自从全托之后，妈妈发现小刚的性格发生了变化，有些焦躁、胆小，不爱跟人讲话了。

可是妈妈并没有在意。妈妈以为，这些不过是小孩子的事，等孩子上小学后，这些问题自然就会消失。可是开学一个月了，一点都没有改变。

现在该怎么办呢？

当一个孩子终于走进学校的时候，他真正的社会性成长开始了。这之前，孩子更多的是基于家庭环境的成长。从这一天开始，他能不能很快适应学校的新生活，是对前面幼年生活的检验。多数孩子不会有太大的问题，他们经过一段时间的学校生活，可以很快地适应有规律、有任务、有目标的新生活。然而，有一些孩子适应得过于缓慢，入学很长时间了仍然对上学感到恐惧。这种情况，父母就要考虑孩子是否存在分离焦虑的问题了。

分离焦虑是远离自己喜欢的抚养者就会感到过分忧虑的现象，是整个儿童期都有可能出现的问题。一般来说，幼儿期更普遍一些。在幼儿园门口，父母在孩子年幼时给予足够的亲密，而在孩子长大过程中则要理性地退出。这种分离是亲子双方要完成的任务。

我们经常见到一些孩子哭闹着不肯入园的情景。

孩子成长总的趋势是要一天天地与父母分离。父母在孩子年幼时给予足够的亲密，而在孩子长大过程中则要理性地退出。这种分离是亲子双方要完成的任务。妈妈曾经与孩子建立起依恋关系，使得孩子完成最初的心理成长。然后妈妈就要帮助孩子走向分离。这个过程叫作分离个体化，孩子与父母分离，然后努力成为自己。

妈妈在这个阶段常常出现两个不当。一个是留恋依恋关系的美好，把孩子更久地留在身边，使得孩子的分离过程滞后。一个是在孩子早年阶段没有跟孩子在一起，把孩子交给隔辈人代养，孩子长大一些又回到妈妈身边重新建立依恋关系，结果同样使得孩子的分离过程滞后。这两个不当的结果是：孩子在不得不分离的时候出现分离焦虑。

家庭中熟知的环境是安全的、舒适的，孩子本能地留恋温暖的家庭。所以，孩子长大过程的分离需要一种自我挣扎的力量。他需要借助父母给予的充盈的关系，发展出一个有力量的自我，获得向外成长的动力。

在向外伸展的过程中，他接触到了新的成长资源，那是父母不能给予的。就像植物从花盆移植到室外的土壤中，那才是真实社会生命的开始，也是现实自我成长的起点。

然而，有些孩子挣扎着走向外面的新世界。他们或许真的在学校里遇到一些麻烦，诸如遇到不友好的同学、被人欺负之类。然而不尽如此，更多地还是综合了分离焦虑的因素。

那些存在分离焦虑的孩子，每天去上学都会感受到压力。甚至有些孩子会出现身体症状，肚子痛、脑袋晕。而真的让他留在家里，这些症状却消失了。父母要留意入学期间的表现，如果持续出现这些分离焦虑的情况，就要给予特别关照。

可以从下面几点着手：

1. 孩子出现焦虑表现，父母要接纳和认同，而不是否认它，更不能对孩子发脾气。特别是父母不要有焦虑的表现。父母温暖的接纳行为可以让孩子的焦虑得到缓解。

2. 可以适当地增加陪伴时间，补偿孩子可能缺失的安全感。陪伴孩子去学校，与老师热情地接触，让孩子感受到老师像妈妈爸爸一样可以信任。

3. 要守住底线，即使孩子哭闹也不要无原则带回家里。如果孩子用哭闹达到不上学的目的，会强化他的这种退缩行为。

4. 跟老师说明情况，寻求老师的帮助。一般来说，老师会对有入学适应问题的学生给予特别对待。比如允许某个学生带上布艺类玩具，用来缓解分离焦虑。孩子的分离焦虑最终要通过完成与新环境的链接得到解决。

# 追求完美的孩子

小强是小学一年级学生，老师最近跟强妈妈反映一件事情。上课时老师安排学生练习写字，大家都写得好好的，可是小强总是嫌自己写得不好。写几笔说没写好，撕下一张。写几笔说没写好，又撕下一张。一会就把写字本撕去了半本。老师说不要再写了，安排下面的活动。结果小强不肯停下，然后就哭闹起来，竟然一头冲出了教室，把老师惊得一身冷汗。

强妈妈为此焦虑不已。她回想起小强在家里的表现，认为小强的问题与自己有关。

小强小时候爸爸妈妈工作较忙，就交给爷爷奶奶带。爷爷奶奶带孙子没得说，无微不至的关怀。尽管妈妈感觉对孩子有点娇惯，但是老人家对孩子好又能说什么呢?

小强上幼儿园后，爷爷奶奶回了老家，小两口把带孩子的事接了过来。好在妈妈是幼儿园老师，小强白天就跟妈妈在一起。小强小时候就有点以自我为中心，非要别人按他的要求做事。既然妈妈是老师，小强的老师都是妈妈的同事，自然大家对小强多关照一些，小强就有些更任性了。

这时候爸爸出现了。爸爸是一个北大高才生，开始对儿子严格管教。小强虽然任性，但是很聪明。既然爸爸期望高，小强开始接受爸爸的要求，跟自己较劲。

强妈妈发现小强在幼儿园跟小朋友的冲突多了起来。老师表扬别的小朋友，小强会表现出不满。老师对小强提要求，小强会表现出抗拒。强妈妈感觉强爸爸的严教有些过火，开始跟老公为管教孩子的事吵架。

强妈妈开始反思自己，孩子的问题是因为自己过去陪伴的时间太少了。小强上小学后，强妈妈毅然做出一个决定：辞职，一心一意留在家里陪孩子。当强妈妈把更多精力投向孩子时，她发现问题更多了。小强受不得别人比他好，受不得老师的批评，受不得自己做得不好。小强脾气变得暴躁，居然开始摔东西，甚至，居然狂叫着用拳头捶墙。

强妈妈开始焦虑不安了。她觉得就是因为自己过去疏于管教孩子，才造成今天的局面。作为妈妈，她更加自责不已了。在孩子面前，她在努力克制自己的情绪，每当感觉到自己要发火了，就赶紧离开现场，避免跟孩子发生冲突。但面对这样一个同样收不住脾气的孩子，她找不出一个解决的办法。

孩子在家里的成长过程，直接受到家庭其他成员管教方式的影响。父母对孩子的期待像镜子一样对应着孩子的自我认同，这是那种对孩子高期待的家庭。高期待的家庭里有很愿意讨好父母的孩子，于是一场追求完美的游戏上演了。优秀的父母用自身优秀的成长经历来推演孩子，对孩子提出更高的要求。这种要求在现实中不难设立标准，在孩子群里表现拔尖就好了。

一般来说，高期待的父母看自己的孩子跟看别人的孩子截然不同。看到别人孩子身上出现一些问题，家长会想，孩子有点问题没什么关系。看到自己孩子身上出现一些问题，家长会想，我的孩子怎么会有问题？孩子身上带着自己的基因，是自己的生命传承。优秀的父母总是把最好的期望投射到孩子身上：我这么好，孩子也应该这么好。

问题是，案例中的小强接受了这种信息传递，爸爸那么好，我也要那么好。既然爸爸的要求是不允许我出错，那我就坚持不出错。而现实总是现实，孩子总是孩子，于是，怎么努力都达不到父母期望的孩子内心冲突了："我怎么会做不到？我不允许自己做不到！"孩子会因此愈加焦虑、急躁。家长呢，因为孩子的焦虑急躁本身就构成了问题，于是对孩子更加盯着不放，批评指责。

可怜天下父母心。有一个追求完美的孩子，是因为背后有追求完美的严厉型父母。案例中的妈妈辞了工作，做了孩子的全职妈妈，这是一把有利有弊的双刃剑，特别是妈妈带着补偿心理这样做。可能有利的一面是妈妈可以花更多精力照料孩子，让孩子更好地成长；可能有弊的一面是妈妈会把过多的精力投放到孩子身上，放大孩子身上正常成长中的问题。

父母要做的既不是按自己的期望去培养孩子，也不是撒手不管放任孩子自由成长，而是像农夫一样按时令默默耕耘，然后欣喜地期待孩子长成他自己的样子。

孩子不是父母自己，而是另一个独立的人。他生于父母，但不同于父母。每个孩子都有自己的成长过程，他的潜能需要唤醒与发现，他的成长需要陪伴与引导。父母要做的既不是按自己的期望去培养孩子，也不是撒手不管放任孩子自由成长，而是像农夫一样按时令默默耕耘，然后欣喜地期待孩子长成他自己的样子。

对于追求完美的孩子，父母首先应该反思自己、改变自己。父母尝试不再严厉地对待孩子，并且自己也开始做“不完美”的父母。让孩子看到，爸爸妈妈有时做事也不会那么好，而且也不必那么好。

还要让孩子乐于欣赏别人。追求完美的孩子会有较强的嫉妒心理，别人比自己好就不高兴。要让孩子知道，每个人有每个人的好。别人有别人的好，自己有自己的好。别人有比自己好的地方，要发自内心地去赞赏。而自己好的地方，别人也会欣赏。

当孩子会因为写不好字急躁地发脾气时，妈妈要做的是接纳孩子的情绪，而妈妈本身更要做一个平静的妈妈、温暖的妈妈。妈妈可以告诉孩子，自己急躁的时候可以把事情放下来，休息一下，转移注意力，做一些其他事情，一会就好了。孩子会说，明明知道没必要纠结字写得好不好，但是脑子里好像有一个小人在监督他这样做。于是内心就发生了冲突，自己跟自己过不去。妈妈这时候可以参与进来，帮助孩子战胜导致内心冲突的小人。妈妈要让孩子觉得，自己写的字，妈妈感觉很好，而且字写得好不好不是什么大事，试着去关注文句表达的意思，这样孩子脑子中导致冲突的小人就慢慢消失了。其实这样做，并不是让孩子放弃追求完美，而是慢慢来。

## 跟妈妈挣不脱的纠缠

自从与丈夫离婚之后，上小学的女儿雅文就是妈妈最贴心的陪伴。雅文是个聪明活泼的女孩，很会看妈妈的脸色，一般情况下会把自己的事情都安排好，不给妈妈找麻烦。妈妈说累的时候，还会帮助捏捏肩膀。今年雅文读小学6年级了，妈妈说她变了，越来越不听话，学习也变得马马虎虎。

妈妈认为以前是自己不好，对女儿太粗暴。女儿6岁那年自己和上任老公离婚，那时候心情不好，管孩子也没耐心，有时候打孩子。直到遇见了现在的老公，妈妈心情才好起来。

妈妈是一个普通女工，一个人带着女儿生活，与亲戚挤住在一套房子里，压力可想而知。过去那些日子，每个星期母女俩都要大吵大闹一两次。雅文很会合理化，认为妈妈有甲亢，所以她脾气急。那时候，雅文很怕妈妈，妈妈骂自己时都不敢哭，因为越哭，妈妈打得越厉害，拿棍子打得青一块紫一块的。不让哭，一股无名火就这么闷着，雅文也很难受，实在受不了了就爆发，跟妈妈大吼大叫。

在雅文读小学的1—5年级阶段，妈妈对她脾气暴躁，急了就可能打她。长时间对着这样的妈妈，雅文也学着样子暴躁，大吵大闹，因此每周都爆发母女战争。母女俩就这样不依不饶地生活着。近一年妈妈的心情好转，可是雅文却开始变得更加胡闹了，而正是在这一年妈妈找了新丈夫。

雅文跟妈妈这样说："我跟你说过多少次了，让你们拉开关系，拉开关系，你就是不肯，我讨厌他，你知道不知道。"

妈妈感到女儿不关心自己："你不希望多一个人关心妈妈吗？妈妈一个人多孤单啊？"

“我对你好还不行吗，我长大了会关心你的。等我长大了一定照顾你，我不结婚，只养一条狗。我只有一个要求，你们俩分开！”女儿在对妈妈严肃发誓，什么小时候打呀骂呀都不计前嫌，只有一个要求，你们俩分开。

妈妈有了新丈夫，家庭成员终于又齐了，不是挺好吗？雅文为什么要跟妈妈闹？

离异家庭真的弊端多吗？单亲妈妈应该怎么带孩子？又应该怎么重新组成新家庭？

我们知道，三口之家夫妻关系是核心关系，然后是父母爱孩子形成亲子关系。而单亲家庭中夫妻关系不复存在，取而代之的只有亲子关系了。结合上面案例作一些讨论。

雅文的家庭原来是母女相依生活，母女形成了非常紧密的关系，而且已经持续了好几年。现在妈妈要结婚，加入了一个男性。新的爸爸加入进来，要重新组成三口之家的关系。现在的问题是，对于雅文来说，新爸爸不是亲爸爸。雅文已经习惯了跟妈妈的亲密关系，她感到跟妈妈是一种不能分割的亲人关系，可现在妈妈被一个素不相识的人抢跑了。

雅文为什么对母亲这么眷恋呢？因为她经历过爸妈离婚，亲人离别，这让她恐惧。爸爸离开家之后，雅文感到自己不完整了。但是不管怎么说，还有妈妈在，所以小时候的雅文特别懂事，生怕惹妈妈生气。她可以容忍妈妈打自己，因为妈妈现在是她的全部。但却无法容忍妈妈跟新的男人好，因为她的全部竟被一个陌生男人抢走了。雅文无法阻止这件事，她感到自己被彻底孤立了，恐惧性的不安全感再一次被激发出来。而没有安全感的孩子，内心里总是慌乱的，即使在学校也带着这种感觉。雅文听课也心不在焉的，学习成绩逐渐受到了影响。

雅文想回到从前，把妈妈夺回来。她告诉妈妈自己不喜欢这个人。“你要找，也找个好看点的，那个人长得像个大黑猩猩。”她跟新爸爸吵架，以此证明新爸爸对自己不好，可惜都没有用。

心理学认为，每个孩子都是家庭最忠诚的守护者。家庭是一个孩子生命诞生的园地，也是一个孩子情感依恋的摇篮。这一点，雅文表达得很明确。可是，找个什么样的男人雅文才满意呢？雅文说："像我亲爸爸那样的。"她明确告诉妈妈，要自己的爸爸回来。她认为是爸爸离开了，妈妈才变得焦虑不安。而妈妈一再告诉她，你爸爸对我不好，这个人才对我好。妈妈说新爸爸会对雅文很好。但重组家庭往往会出现这样的困境，新爸爸或新妈妈想努力当好孩子的家长，但孩子却只想要自己的爸爸妈妈。一些孩子为了捍卫自己的家庭，坚决要把爸爸妈妈拉在一起，不惜做出混乱行为，以此来表达自己的诉求。

面对这样的孩子，爸爸妈妈该怎么做才好呢？这里有两个话题。

一个话题是爸妈离婚了，单亲一方怎么抚养孩子。比如，是单亲妈妈抚养孩子。爸妈虽然离婚了，但是在抚养孩子的事情上要达成一致，最好是在教养孩子方面共同合作，爸爸仍可以跟孩子沟通及见面。妈妈不要在孩子面前抱怨爸爸，这会让孩子形成对爸爸的不良印象，甚至会形成对男人的不良印象。这对孩子的成长，尤其是成人后的婚姻生活是不利的。单亲妈妈还要注意在情感意义上，不能用亲子关系代替夫妻关系。特别是那些在情感上感到失落的妈妈，以为密切的亲子关系没有什么影响，会有意无意地拉紧自己的孩子。懂事的孩子会意识到这一点，配合妈妈，继续紧密地生活在与妈妈的关系里，迟迟不能走向外面属于自己的世界。成熟的单亲妈妈懂得与孩子保持亲而不密的关系，让孩子感到有一个让自己放心的妈妈，感到单亲家庭同样是正常的家

成熟的单亲妈妈懂得与孩子保持亲而不密的关系，让孩子感到有一个让自己放心的妈妈，感到单亲家庭同样是正常的家庭，没有走向独立的牵绊。

庭，没有走向独立的牵绊。

另一个话题是妈妈又找男朋友了，怎么安顿好孩子。其实，如果上面话题的内容处理好了，这个问题不会太大。一个单亲妈妈如果跟孩子仍然有一个良好的生活状态，有一个关系不越位的状态，孩子觉得爸爸离开没有对妈妈产生什么影响，觉得妈妈把离婚的事处理得很好了，自己仍是以孩子的身份形成跟妈妈的关系。接下来，妈妈要找新伴侣，孩子会尊重妈妈的想法。当然，妈妈在早些阶段就可以让孩子知道，让孩子像闺蜜一样给自己一些建议，并帮助新男友建立与孩子的友好关系，事情会更好办。

# 如何养成好习惯

小童，男孩，二年级，妈妈认为小童的最大问题是学习习惯不好，不愿意写作业，做作业过程拖拉。妈妈要求他放学马上回家写作业，但他总是找理由不回来，说是要玩球。一般都是在晚上9点钟才开始写作业，写的过程中还频频站起来走动，做其他事情。妈妈反复提醒都不管用。小童还调侃焦虑不堪的妈妈说："你急什么，我也不是不写作业。"结果是他常常到晚上11点钟或者12点钟才能勉强做完作业。由于睡眠不足，第二天早上起床时，常常是睡眼蒙眬。

孩子以自我为中心，凡事必须顺着他的意愿才行得通。前两天他在商场闹着妈妈给他买可乐，妈妈没有同意，说经常喝可乐对牙齿不好。结果小童一整天都跟妈妈没完没了地生气。还有，孩子只喜欢听表扬的话，听不得批评的话。对老师的话特别在意。老师表扬小童说，语言表达能力强、人际关系好，小童回家跟妈妈兴奋地说了好几遍。但妈妈说孩子写作业拖拉，没有时间概念，作文写得不好。小童听后就立即驳斥：你说得不对，我昨天作文还得了$A^+$。只要妈妈说孩子一句不好的话，孩子总能找出驳斥妈妈的理由。

孩子在老家上一年级，跟妈妈一起生活。那时孩子很听话，学习好、行为表现好，还是班长。读二年级时，妈妈带着孩子来到深圳与孩子的爸爸团圆了。妈妈辞去了工作，做专职主妇，主要精力用来照顾孩子。妈妈认为孩子在学习习惯方面毛病挺多。

谈谈好习惯的养成。很多家长都知道这个道理，低年级学生在学校的学习，重要的不是学习知识，而是好习惯养成教育。小学低年级是养成学习好习惯的关键时期。

习惯就是习以为常的行为，是一种稳定的自动化的行为，是经过反复练习而养成的语言、行为、思维等方式。习以为常，这句话说起来非常简单，做起来可是非常不简单。因为，人若日日习之，是需要动力支撑的，而人的本性当中，还有更多的任性成分。

有人提出这样一个问题：考试排名前1% 的学生是靠天赋还是靠努力？对这个问题人们更多认同的回答是，既不是天赋，也不是努力，真正决定性的因素是好习惯。

首先我们承认在学习方面存在天赋的差距，但是我们不能高估它的重要程度。我们更多地看到那些勤奋学生在努力学习。问题是，他们为什么能够做到努力学习？

我们先问另一个问题：电脑可以做什么？回答这个问题，要先问问电脑里装了什么软件。装什么软件就做什么事。一个关于能否做到努力学习的类似问题是：一个学生有没有在心理上装好学习习惯的软件。这个问题的意思是说，一个学生有没有形成一个基本的学习习惯。成长阶段的孩子养成学习好习惯的过程就是在心理上安装学习习惯的软件。

可是在早期生活中，孩子的学习习惯软件是怎么安装的呢？

有些孩子早期生活在一个散漫的家庭环境中，于是更多地感受了拖延学习和随意学习的任性；有些孩子早期生活缺乏挑战困难的经历，于是遇到有难度的任务就习惯于放弃；有些孩子早期生活寻求当下娱乐的经验更多，于是遇到感到枯燥的任务时懒于应付。

而习惯好的孩子可能相反。他们有系统学习的经历，比如参加钢琴、舞蹈、书法、绘画等学习。这样的经历让他们

这样的经历让他们建立了有序、有目标的生活习惯，耐得住过程的枯燥，应付得了进展的难度，并从成长的进步中获得成就感。

建立了有序、有目标的生活习惯，耐得住过程的枯燥，应付得了进展的难度，并从成长的进步中获得成就感。这些过程都是在心理上安装好习惯的软件。

培养好习惯，一个重要方面是培养思维习惯。孩子在早期通过参与各种智力游戏活动和生活实践活动，也通过阅读、收听等形式进行信息接收，学习前人和他人的知识和经验，形成解决各种问题的思维方式。这样的孩子喜欢思考，会想问题，同时更喜欢智力活动的挑战，并感受到征服感的精神愉悦。

努力学习可以是一种习惯。

现在我们知道了，努力学习可以是一种习惯。

孩子好习惯的培养离不开好的家庭环境，这个方面就是家长应该做的事情了。

著名青少年教育专家孙云晓潜心研究好习惯多年，总结出了一套培养好习惯的六步法。我们按照这个套路做一个具体操作的解读。

好习惯培养的第一步是提高认识，引导孩子对养成某个习惯产生兴趣。其实这一步，首先是家长要认识到培养好习惯的重要性，认识到自己的生活习惯对孩子可能产生的影响，从而改变自己的不良生活习惯。哪些是影响孩子学习的不良生活习惯？比如，经常在家打麻将、经常晚上应酬不回家等。家长深切体验到好习惯培养的重要，才会对生活中的细节敏感，才会倾向于针对孩子的成长需要做出生活方式的选择。

好习惯培养的第二步是明确行为规范，让孩子对养成某个良好习惯的具体操作很清楚。就不愿意写作业这个问题来说，很多家长只是督促性地提醒孩子，甚至训斥性地要求孩子。实际上不仅毫无效果，还会引起孩子的反感。真正有效的做法是跟孩子一起讨论应该怎么办，进行细节指导。就本文的案例来说，其中有一个关键环节。妈妈希望孩子放学马上回家写作业，而孩子这个时候想玩一会球。孩子玩球是在进行身体运动，是应该鼓励的好事情。妈妈这一步要做的不是强制安排做作业的时间，而是应该跟孩子商量一个合适的时间，明确下来作为每天做作业的时间。比如，晚饭后为写作业的时间。这种行为规范是跟孩子一起制定的，是适合孩子生活习惯的，这样孩子才会愿意遵照执行。

好习惯培养的第三步是适时进行榜样教育，让孩子对养成某个良好习惯形成动力支撑。小学低年级的学生年龄还小，有些孩子懂事晚一些，自我控制能力差一些，家长在督促孩子写作业时会很费劲。这时候家长最好能够找一些看得到的榜样、标杆。这种榜样最好是父母，父母给孩子看到的是努力做事的样子，有条理，有分寸，做好自己应该做的事情。每个人都应该做好自己应该做的事情，而每天学习、做作业就是孩子应该做的事情。还可以从孩子喜欢的偶像身上找到相应的长处，让孩子模仿学习。留意观察，这个不难做到。

好习惯培养的第四步是坚持不懈的行为训练，让孩子由被动到主动再到自动，养成某个良好习惯。根据心理实验研究，一种行为重复21天就会变为习惯动作，而90天的重复会形成稳定的习惯。坚持的时间越长，习惯的形成越牢固。就低年级孩子写作业这件事来说，家长要有让孩子坚持不懈的意识。而家长要做的是适当地陪伴而不是缺位，适时地辅导而不是打扰。写作业的过程并不是简单行为的重复，而是需要解决学习上的问题。如果孩子在写作业时遇到难题了，会影响写作业的行为，这时候家长就要出面帮助解决。

好习惯培养的第五步是及时评估和奖惩，让孩子在成长进步的体验中养成好习惯。怎么评估和奖励，要具体情况具体分析。比如本文的案例，妈妈后来与心理咨询师做了交流，因为孩子喜欢听老师的话，于是想出一个主意。妈妈按照老师的提示，做作业的时间最长不超过两小时。妈妈于是要求孩子，超过两个小时就要收作业，做不完自己去跟老师交代。这一下孩子急了：妈妈居然跟老师串通一气了，竟然不管我做作业的事了，看来我不得不自己来管自己的作业了，要不然做不好作业会在老师面前丢面子。自我意识开始启动，孩子终于开始努力做好自己的事了。奖惩因人而异，奖励是奖励孩子期望得到的，惩罚是惩罚孩子不期望要的。

好习惯培养的第六步是形成良好的环境氛围，让家庭生活环境有利于孩子养成良好习惯。孩子学习习惯不好，家长要检查自己的家庭氛围有没有问题。比如夫妻吵架、举家搬迁、亲子疏离，都可能影响孩子的学习心理和行为，并影响孩子的学习习惯。家长要在孩子的学习生活中，努力建设好自己的家庭，陪伴孩子一起成长。

# 糟糕的强势控制

阿豪读5年级了，最近干了一件匪夷所思的事情。他居然晚上不回家，在黑漆漆、脏兮兮的楼道里过了一夜。家里都找翻天了，一夜没消停。问老师，问同学，问亲戚，当然没有。第二天，阿豪直接去上学。老师看到一脸倦意的阿豪，赶紧给家长打电话报平安。

豪爸觉得这是一件非常严重的事件，而且这不是阿豪第一次不打招呼就夜不归宿了。

豪爸来深创业并不容易，自己开了一家五金店做生意，已经风风雨雨折腾了十多年。为了给阿豪一个安稳的童年，7岁前的阿豪一直在农村老家与爷爷奶奶生活。除了爷爷奶奶，村里还有两个叔叔和一个出嫁的姑姑。那时候的阿豪整天东家跑西家串，晚上赶到哪家就在哪家吃饭，在别人家过夜也是常有的事。

阿豪的父母商量，深圳学校条件好，要尽快让孩子过来读书，于是把阿豪接到了身边。阿豪散漫惯了，每天放学后要玩够了才回来。阿豪尤其喜欢篮球，几乎天天都是打球后才回家。有些散漫的阿豪在学习上同样散漫，学习成绩每况愈下。

这最让豪爸受不了，他决心要严格管教这个不争气的孩子。在深圳打拼养一个家很不容易，可孩子却这样不懂事。豪爸是一个火暴性子的人，一言不合就拳脚相加了。前面阿豪有几次夜不归宿，豪爸气得暴打阿豪，竟打烂了一只塑料凳子。阿豪口口声声保证，再也不敢夜不归宿了。

后来好了一段，虽然天天回家了，但是老师反映阿豪在学校里莫名其妙地脾气爆发，与人拳脚相斗。这一次变本加厉了，阿豪旧病复发。

晚上阿豪回家，父母觉得阿豪这样下去就是不可救药，不行就换一所寄宿制的学校。两个人商量一番，决定这次不能再武力解决，压着火问阿豪到底怎么回事。

阿豪低着头闷了半天才说：“晚上跟同学宵夜，结果跟同学打架了，闹到很晚，回家时已经半夜了。怕爸爸打我，就不敢回家了。”

阿豪的爸爸妈妈听了，惊得说不出话。两个人简直一筹莫展了，教育孩子打不得，骂不得，可不打不骂还不得，究竟怎么办才好?

教育孩子不能依靠打骂来解决问题，这已经是一个常识了。但是实际上，用非打即骂的方式管教孩子屡见不鲜。既然都明白打骂是一种低劣的管教方式，为什么仍然大行其道呢？一般来说，有这样几个原因。

一是父母自然形成的传统观念。“不打不成器”“棍棒底下出孝子”，我的孩子不听话、犯了错，我有责任严管我的孩子。二是父母自己就有这样的成长经历。小时候不听话被打过、骂过，这样长大了，也没觉得怎么不对。这回轮到自己的孩子不听话了，照搬自己亲身经历的成长经验。这就是原生家庭的代际影响。三是父母自己的情绪不成熟。个性上脾气比较暴躁，遇事处理不顺易发怒，在管教孩子的事情上表现出缺乏耐心和技巧。而父母情绪不成熟，是构成孩子成长氛围最糟糕的事情。四是打骂的手段看上去立竿见影。管他心里怎么想，一顿打骂训教，先把错误行为压下去再说。这纯粹是一种错觉。

心理的成长需要一个充满安全感、信任感的自由环境，孩子需要通过自主探索、尝试错误，形成对外部世界的认识和对自我意识的建构。

心理的成长需要一个充满安全感、信任感的自由环境，孩子需要通过自主探索、尝试错误，形成对外部世界的认识和对自我意识的建构。而现在，父母强硬地入侵了孩子的心理成长过程，给孩子限定一个僵硬的边界，要求他必须长成父母修正的样子。

我们看看，用这种强势的方式控制孩子，孩子的心理会发生什么变化。

第一，孩子会变得懦弱。孩子的自我成长被粗暴地干预了。父母占据了孩子的自我空间。孩子作任何决定都会迟疑，他知道自我空间不由自己做主。他会先胆怯地试探父母，我这样做行吗？如果一直这样在父母的强硬控制下长大，孩子会变成一个缺失自我的人，一个不会自己做主的人，一个懦弱退缩的人。

第二，孩子会习惯说谎。强硬控制的结果是屈从，你打我要我服从，我因为感到恐惧而答应你。答应你不是保证不再犯错，而只是你要我说什么我就说什么。可是，孩子的成长就是要尝试错误。下一次犯错误时，孩子记得上一次被爸爸打过，于是他不敢再说实话。说谎是为了不再受惩罚，爸爸想听什么就说什么。

第三，孩子终于变得暴力、暴躁。父母从原生家庭带来的暴力痕迹，成功地传给了自己的下一代。父母在孩子的眼中是强势的代表。孩子的逻辑是：不能打败你，我就成为你；你粗暴地对待我，我就粗暴地对待别人。父母在孩子心中种下暴戾之气的种子，于是孩子在外面变得充满敌意，时刻准备攻击，对人喜欢用拳头解决问题。

第四，孩子逆反心理强。到青春期时，孩子长期压抑的屈从会形成与父母间的强烈对抗。那些经常挨打的孩子会比较“犟脾气”。小时候孩子还无法与父母对抗，到了青春期，所有积累的问题都显现出来。孩子在感情上也会渐渐与父母疏远，进一步会发展成为对父母的恨意。

阿豪的父母困惑之余，寻求心理咨询师的帮助，终于从亲身经历中明白了不能强势控制，也不该打骂孩子的道理，也知道了跟孩子一起成长的重要性。

# 在磨磨蹭蹭中成长

两位家长为同一个问题来找心理咨询师。

其中一位说，孩子每天做作业总是磨蹭，30分钟可以完成的作业竟要磨一个晚上，有时12点钟还在弄作业。要命的是，这还是在家长陪着的情况下；如果家长不管，孩子就根本完不成作业。

另一位家长抱怨说，孩子做作业才写两个字就开始抠橡皮、玩彩笔，一小时写不了10个字，吵过、打过、哄过，还照着书上的做法奖励过。软硬兼施，结果还是不见效果。简直有点死猪不怕开水烫了。

孩子磨磨蹭蹭究竟怎么办？这是一个不大不小的问题，很多家长正在经受着这个问题的困惑与折磨。

磨磨蹭蹭的孩子主要是低年级的小学生。先来看看孩子为什么磨蹭。

学前期儿童的主导活动是游戏，而从进入小学的第一天起，儿童的主导活动就是学习了。小学生的学习活动不仅是个人意愿的事情，还是一种社会义务，带有一定的强制性。这对于一部分儿童来说，有一个适应过程。

从小学生认知发展的有关特点方面来看孩子为什么磨蹭。

小学生的视觉、听觉和运动觉发展十分迅速。就小学生运动觉的发展来看，8—14岁儿童运动觉的精巧性可提高50%以上。但是，低年级儿童手指运动觉的发育还不够完善。所以低年级儿童的手部活动会显得有些笨拙，写字会歪歪扭扭，慢慢腾腾，而对其手部的训练亦不宜要求过急过高。

小学生感知的时间精确性和整体系统性逐步发展。初入学的儿童只能感知“上午”“下午”，“早晨”“晚上”这些较易分阶段的时间单位和“今年”“明年”这些较大的时间单位。而对于几分几秒这样过小的时间单位，和几十年这样过大的时间单位则很难掌握。低年级小学生观察事物时，常常是笼统的、局部的，缺乏系统性。这些特点反映在做作业上面，就是不会掌握做作业的时间进度，不会按计划做事；写字时经常出现增减笔画的错误，显得拖拉、笨拙。

小学生的注意发展正在从无意注意向有意注意过渡。低年级儿童的无意注意仍然占主导地位。他们在注意过程中，常被新异的刺激所吸引。低年级儿童的注意广度平均不到4个单位。一年级小学生在阅读时，常常采用逐字阅读的方法。他们的注意长度也有限。7—10岁儿童只可以连续集中注意15分钟到20分钟。做作业时，他们独自坚持的时间不会太久。

小学生的意志发展逐步增强。意志在小学生的学习与成长中具有重要意义。学习与成长较好的小学生多与具有较坚忍的意志品质有关。低年级儿童意志的自觉性较差，他们还不善于自己提出学习、生活的任务和目标，通常需要老师和家长督促进行。同时他们遇到问题时，克服困难的坚持性往往较差，喜欢求助于成人。在做作业中遇到了问题，他们就难免耽搁、走神了。

低年级儿童有这么多相关的特点，他们出现磨磨蹭蹭的现象也就不足为怪了。

如果分析一下，那么首先，这是一种孩子成长过程的常见现象。这种现象在特定的年龄阶段出现，随着孩子长大，它们会逐渐消失。由于儿童成长存在个体差异，对于磨磨蹭蹭的现象，有的孩子明显一些，有的孩子不太明显；有的孩子持续时间长一些，有的孩子持续时间短一些。

有些非常关心孩子成长的家长会把一般的磨蹭现象看作是问题。如果这样说，成长的过程就是一个解决问题的过程。好比一棵树，满树的叶子都是它的问题。每片叶子都需要得到阳光的照耀，每片叶子都需要得到水分和养料，每片叶子都希望有最好的位置和状态，而满树的“问题”叶子也是树的全部。解决树叶问题的办法只是让它们长大、脱落，然后，新的叶子出现了。有时产生新问题就是解决旧问题的最好办法。树没有刻意为叶子多做什么，但它在叶子的新旧更替中完成了自己。

人不是也在不断地成长问题的更替中完成了自己吗？

人不是也在不断地成长问题的更替中完成了自己吗？

当然，有时问题不是如此，而是孩子磨磨蹭蹭的现象并非成长自身可以解决得了的。或者说，已经影响成长了，已经是真正的问题了。

需要改善一下，该怎么做？

磨磨蹭蹭的现象常常不是孤立发生的，有些是孩子本身的慢性子造成的。有些孩子平时室外活动较少，生活散漫、做事拖拉养成了习惯；有些是孩子行为动作较缓慢，做事总是比别人慢半拍，快不起来。这种情况首先要从改善行为习惯做起。家长要多带孩子做一些室外的有助于增强敏捷反应和身体灵活性的运动，如打羽毛球、乒乓球、跳绳等。平时的日常生活也要注意尽可能动作快捷，如早起限时穿衣、叠被、洗漱，上学快速走路等。养成干净利索、快速做事的习惯，孩子的慢性子会逐渐改变。而敏捷的行为习惯会迁移到学习上，就不会再慢腾腾了。

由于孩子注意力的持续时间较短，而孩子的学习又缺乏计划性，因此孩子做作业会出现分心、拖拉的情况。这可以通过做一些训练慢慢适应。家长可以帮助孩子把做作业的时间分割成几段。比如估计要用1小时完成的作业，可以把时间分成三段，每段20分钟，中间休息5或10分钟。由于每次时间短，就可以在规定时间内精力集中地做作业。也可以用分解作业量的办法。比如，有15道数学题，可以规定每做完5道题就休息5分钟，然后再做下一个5道题。休息时家长可以陪孩子说说话或做一些游戏。这样配合作业过程的训练要有家长监督提醒，把握好休息与做作业的时间。家长不必担心孩子会养成要家长陪同做作业的依赖心理，等孩子大一些，就可以放手让孩子独立做作业了。长大的孩子不会喜欢家长总是陪在自己身边。

在改善磨蹭行为的过程中，家长要有一个平和的心态，不要有急躁情绪，也不要急于求成。家长只是耐心地去做，然后欣喜地看着孩子在磨磨蹭蹭中慢慢长大。

家长只是耐心地去做，然后欣喜地看着孩子在磨磨蹭蹭中慢慢长大。

## 懒惰是成长的迟疑

方方8岁，读三年级。爸爸对儿子很关心，也很头疼。用爸爸的话说，方方没规矩，学习不用心，懒惰。感兴趣的事还能专注，比如，玩拼图，但学习不上心。方方上课趴桌子，讲话，写作业拖拉，学习成绩中下游。爱好方面，比较喜欢武器，对军事感兴趣。会聊天，表达能力强。方方的学习是逐渐下滑的。一年级还AA等级的多，二年级就BC等级了。

方方跟爸爸妈妈生活到3岁。4岁到5岁跟伯伯在离家较远的南山区生活，上幼儿园。因为跟老师住得近，天天到老师家玩。这个阶段的生活比较随意。方方上学后又跟爸爸妈妈一起生活了。方方没有专注做事的经历，没有运动爱好。在爸爸的眼睛里，方方太懒惰，回到家里就是沙发上一个“葛优躺”。方方自己说想学习，而且讲一堆道理，但学习起来时，又没耐心，遇到一点问题就不肯动脑子。妈妈耐心不好，跟孩子发脾气，说孩子又懒又笨，更多时候是爸爸带孩子。爸爸认为孩子还小，所以天天帮助方方打理学习上的事情，书包的用具齐不齐，每天作业有哪些。

现在爸爸关心的是，怎么改掉孩子的懒惰习性？怎么让孩子勤快起来？

作为一种心理学的理解，懒惰与勤快都是接近人本能的品性，它们是一个概念的两极。作为生命的存在，勤快指向成长、攻击、发展的一面；懒惰指向停滞、无力、消亡的一面。正常的趋势，生命有一种自然生长的动力，作为一个人的成长，他要去发展自己，探索环境，释放潜能，完成一个生命成长的完整过程。所以，我们看到的孩子，总是跑来跑去，看来看去，动来动去，问来问去。绝大多数孩子的身上体现出勤快的特征。

勤快的孩子自己就能解决成长的基本问题。小学阶段，最重要的成长品质就是勤奋。

可是，为什么有些孩子会懒惰呢？他们畏缩困难，懒于做事，目标茫然，习惯拖拉。他们勤快的品性为什么不见了？

我们知道，成长是一个挣扎的过程，成长是对自我过去的突破与拓展。孩子在过去的生活中，已经形成了某种自适的习惯，那是一种流连忘返的舒适区。而成长，则要突破自我的舒适区，这个过程并不舒适。比如，孩子上学要每天早起，按时到校，要用心上课，要学会解决问题，要认真完成作业。要打起精神，坚持不懈，专注努力，辛勤付出。

更重要的是，孩子要肯这样做，需要有一个积极的自我意念。这个意念是：我是可爱的，我是有能力的，我的努力会有效果的。而孩子积极自我意念的形成，与重要他人的影响息息相关。

孩子积极自我意念的形成，与重要他人的影响息息相关。

我们看看，孩子的懒惰是怎么造成的。

首先是家长评价内容和生活方式的影响。孩子时刻都在从家长的评价中看到自己。孩子有勤快的天性，但是如果父母发出的信息是孩子太笨，什么事情都做不好，孩子成长的尝试就会出现迟疑。就像文中案例的情况，方方在妈妈的眼中看到了愚笨的自己。人自认愚笨就把自己的能量看小了，同时也把前行的困难看大了。孩子从家长的生活方式中感受自己，勤奋的家长会带动着孩子勤快起来，懒散的家长会影响着孩子懒惰下去。

孩子时刻都在从家长的评价中看到自己。

其次是家长教养方式的影响。孩子的成长需要父母的教养，但是如果这种成长的教养成为成长的包办就会出问题。有一种情况是，孩子年幼的时候，一方面生活比较随意，

孩子的成长需要父母的教养，但是如果这种成长的教养成为成长的包办就会出问题。

一方面是父母帮助孩子打理各种事情。随着孩子的长大，家长需要逐渐撤出，放手让孩子自己去处理自己的事情。这是一个尝试的过程，孩子会出现一些失误，比如打烂坛坛罐罐，惹出一些麻烦。有些家长不放心这样做，于是继续帮助孩子打理各种事情，包括孩子的学习。文中的案例就是这种情况。人际关系的互动会自然形成一种平衡。父母做得多一些，孩子就做得少一些。父母替孩子做了，孩子就依赖父母做。本该是孩子的勤快，结果变成了父母的勤快。这样下去，孩子不但会失去做事的兴趣，还会赖在舒适区里不愿付出辛勤努力。

本该是孩子的勤快，结果变成了父母的勤快。这样下去，孩子不但会失去做事的兴趣，还会赖在舒适区里不愿付出辛勤努力。

还有孩子形成了依赖心理。有依赖心理的孩子认为，我的事情是爸爸妈妈的事情，我不做，他们比我还着急。结果是：行为变得越来越懒散，遇到难题能不做就不做。有依赖心理的孩子有畏难情绪，缺乏克服困难的毅力和恒心。特别是有过失败和被人否定的经历，怀疑自己的能力不够，不想接受挑战面对困难。有依赖心理的孩子上进心不足，他们对自己要求不高，得过且过，做事不求质量，常抱着应付的态度。有依赖心理的孩子本质上是自我独立性缺失。

有依赖心理的孩子本质上是自我独立性缺失。

清楚了孩子懒惰的原因，我们来尝试解决这个问题。

1. 肯定和欣赏孩子。让孩子的自我强大起来。让孩子知道他自己有能力做好自己的事情。以前有过失败的经历并不代表自己的能力差。不以结果论英雄。鼓励孩子的尝试行为，即使结果失败也要鼓励。

2. 给孩子一个忙碌的小目标并赋予责任。这种做法在于唤起孩子的独立意识，独立的人才有自己的目标。比如让孩子自己做作业并自己完成检查，父母表达出对孩子的信任，让孩子对自己的作业结果负责。如果要求父母签字，父母就只管签字。孩子能够自己完成作业了，达成这个小目标，孩子的独立意识也就前进一步。

3. 让孩子做一件感兴趣的事情并坚持做好。有的家长会说，我的孩子做自己感兴趣的事情不会懒惰。那么好，跟孩子一起商量，做一件自己感兴趣的事情，比如参加某个兴趣班。关键是如果孩子承诺了参加某个兴趣班，就不能半途而废，要坚持学下去。这样做可以帮助孩子克服懒惰，形成勤快的品质。

4. 让孩子承担懒惰的后果。习惯包办孩子事情的家长不忍心看着孩子的懒散造成不良后果，于是及时出手救场。孩子感受到了这一点，“既然我的事是你的事，我还着什么急？”于是孩子因为懒散起床晚了，家长火急火燎，孩子不以为然。家长要让孩子知道自己的事情自己负责，承担懒惰的后果，记住教训之后，才会自省和改变。

## 不容忽视的四年级

同同9岁，小学四年级，学习成绩比较差，一二年级时还可以，到了三四年级，成绩明显下滑，全班倒数几名。老师对同同的评价是：比较听话，让他做什么就规矩地照做，但是学习习惯不好，上课经常走神，作业也经常做不全。而且，同同对于自己的学习落后并不在意。

妈妈说，同同上小学后，不喜欢与人交往，在家里情况比较好一些，会跟家长交流，但也不多。同同有固定的两个好朋友一起上学，一起回家，偶尔也会跟着两个朋友一起玩。同同对自己的玩具或物品非常看重，不愿让别人玩他的玩具。别人拿他的东西，他会发脾气强硬地要求别人马上归还。

同同的爸爸是做小生意的，收入还算可以。父母在家的时间比较多，但是平时不大理会孩子学习的事。父亲说话声音很大，爱发脾气，经常在家打麻将。同同的家庭作业常常应付了事，然后就在有些纷乱的家中看看电视消磨时间。近来同同对爸爸常打麻将表示反感，说爸爸一伙人在家里玩让人很烦。

老师最近特别跟同同妈说，孩子上四年级了，家长要特别关心孩子的学习，这个阶段落下就不好赶了。同同妈有些不理解：孩子学习是差一些，可是，为什么非要强调四年级？

很多家长并不知道孩子成长过程的这个重要转折期。让我们看看这个阶段为什么重要。

四年级孩子的一般年龄是9—11岁，处在儿童期的后期阶段。从大脑发育方面看，正好处在内部结构和功能完善的关键期。从小学生的发展阶段看，正好处在从低年级向高年级的过渡期，也是儿童时期向少年时期的过渡期。小学生到了这个阶段，生理和心理特点变化很大，是培养学习能力、情绪能力、意志能力和学习习惯的重要爬坡时期。也就是说，在这个阶段，一些重要的能力和品质要发展上来。如果没有跟上，后面的发展会受到影响。

四年级，孩子学习能力要跟得上。这个阶段的思维发展水平由具体形象思维向抽象逻辑思维过渡，对学习能力的培养将会起到事半功倍的作用。大脑的抑制能力加强，四年级的孩子注意力保持的时间更持久。持续的注意力由15—20分钟提高到20—30分钟，可以胜任较复杂的学习任务了。相应地，学校的课程难度增加了。

四年级，孩子的情绪控制能力要跟上。这个阶段的情感从浅显、不自觉向深刻、自觉发展，家长要促进提高孩子的情感调控能力，注意孩子随便发脾气的问题。随着学生情感生活的不断丰富，孩子的社会交往增加，同伴关系和友谊成为影响孩子的重要因素。

四年级，孩子的意志发展正由弱到强、由他律向自律过渡。孩子开始形成自觉克服困难的意志。孩子的学习动机出现更多自主性因素，他们会努力达到更好的学习结果。当然家长和老师的欣赏和评价还很重要。家长要注意孩子任性的问题。

从习惯养成的特点来看，四年级是强化良好习惯和改变不良习惯的关键时期，特别值得强调的是，这是学习习惯的定型期。习惯的培养越早越好，学习习惯的培养也是如此。养成良好学习习惯的可塑期是在小学中低年级，而四年级以后，养成的学习习惯趋于定型。

从学校教育方面说，四年级是小学教育的重要转折期。四年级起，语文教学强化了阅读分析和写作的训练，数学开始接触小数、面积、统计等比较复杂的问题，社会课程则开始注重介绍更为复杂和间接的社会现象。学校教育的转变要求四年级孩子的学习方法和习惯要随之发生变化，例如养成课前预习和课后复习的习惯，养成思考和分析的习惯，养成必要的数学思维习惯等。同样，家庭教育也要发生一定的变化，家长要更加注重引导孩子掌握有效的学习方法，形成良好的学习习惯，维持孩子的学习热情和探索的欲望。

四年级孩子的管理最重要的方面是学习管理。对四年级孩子的发展来说，关键的需求已经不是衣、食、住、行等物质性方面，而是探索、求知、好奇等精神性方面，这些需求不是通过生活起居管理来满足的，而是通过学习管理来满足的。孩子学业发展对孩子的情绪、信心、社会交往有着深刻的影响，家长要重视这些方面。

本文提出重视四年级孩子的成长，并不是到了四年级才重视，而是在小学整个阶段重视这样一个转折期，在小学低年级阶段就做好成长的铺垫。从本文的案例可以看出，如果小学低年级没有重视孩子的学习能力和学习习惯的培养，到了四年级会出现明显的滑坡，而这时候再纠正会很费力。而家长仍然没有意识到家庭环境对孩子学习和成长的影响。

家长会认为孩子的能力发展是随着身体发育而自然出现的事情，大人不必过于操心。实际上我们看到，如果低年级阶段不能持续付出努力，孩子的学习能力的发展会受到影响。等到四年级以后学校课程难度上来了，而孩子的学习能力没有跟上，所有的问题都出现了。本文案例告诉我们，学习问题也是成长的问题。人是整体性发展的，学习方面出了问题，首先是学习习惯没有跟上来，然后是学习能力难以跟上来，同时，孩子的意志品质、社会交往、情绪管理乃至自我评估都受到牵连影响。

这个重要阶段家长的关注不要缺失。

人是整体性发展的，学习方面出了问题，首先是学习习惯没有跟上来，然后是学习能力难以跟上来，同时，孩子的意志品质、社会交往、情绪管理乃至自我评估都受到牵连影响。

# 转学中的成长危机

小萨，男孩，四年级。小萨最近总是说上课不想听课，觉得读书很无聊。妈妈说小萨毛病越来越多了，做事拖拉，人没精神，上课发呆，作业不交，连迟到都觉得无所谓。

小萨是今年从老家县城转学到深圳的。小萨从小跟妈妈到3岁，后来妈妈和爸爸去了深圳创业，小萨就暂时和奶奶一起生活。奶奶很喜欢孙子，把小萨照顾得很好。小萨喜欢上学，成绩不错，人缘也好，在班里还是副班长呢。小萨在家乡读书到小学三年级，妈妈终于决定把小萨接到深圳读书了。跟爸爸妈妈一起生活，在现代化的学校里读书，对于小萨来说都是皆大欢喜的事。

小萨开始一周表现也不错，但渐渐就变得不积极了。先是学习不积极了，总是提不起兴趣，学习成绩明显滑波，特别是英语，一落千丈了。后来发现小萨和同学交往也不主动，同学居然说他是“哑巴、傻瓜”。这让妈妈吃惊不小。近来变化尤其明显，只有在妈妈陪伴的情况下，小萨才能完成作业和其他事情。妈妈觉得这和今年孩子转学有很大关系，可是转学后这么好的条件，为什么孩子对新环境迟迟不适应呢？难道还要倒回到家乡去读书？

随着人口流动的增加，孩子转学的事也越来越普遍。有些家长并不认为孩子转学会有多大问题，特别是留守儿童从偏远的老家转学到深圳。深圳的学校条件好，教育质量高，孩子终于能够来到深圳读书，跟父母一起生活，全家都会很开心。

实际上，转学相当于换了一个全新的环境，孩子从学习到生活需要解决适应的问题。而小学中年级段，孩子正处于社会性发展的重要时期，这个时段转学，需要家长考虑更多的细节。

相当一部分转学的小学生并没有做好心理准备，面对陌生的环境，短暂的新鲜感过后，就会产生一系列的适应问题。孩子转学要考虑课程学习的适应、学校人际关系的适应，对于留守儿童回归家庭来说，还有一个家庭生活的适应。

课程衔接是首先要考虑的，不同地区、不同城市的学校课程总是有一些差异。对于低年级的学生，由于课程还比较简单，在学习上往往能够较快适应。到了中高年级，就有一个课程难度的适应问题了。比如深圳的英语课开得早，老师教得好，中高年级转学的学生就要补一补，赶一赶。家长要事先到转学的学校向老师咨询，对孩子的课程衔接有一个清楚的了解。

人际关系的适应问题是不能忽视的。孩子在原来的学校人缘很好，有的还是班级干部。到了一个陌生的环境，孩子要从一个插班生开始，学习成绩和人缘关系最初会受到影响。如果孩子好胜心强，会感到心情失落；如果孩子以自我为中心，将不能很快融入环境；如果孩子不够勤奋，学习成绩一段时间上不去，会有一些挫折感，对学习失去信心。有的孩子因此还会怀念以前的生活环境，想念原来的好朋友，更加难以适应新环境。

孩子重新回到父母身边，也需要重新适应家庭生活。有些父母对这一点不以为然，认为自己的孩子本来就应该在父母身边生活，离开几年也是自己的亲人带着，回家了还适应什么呢？实际上，孩子从幼年到童年的几年间身心变化很大，从处处依赖父母到初步生活自理，其自我意识发展很快。在家长的眼中孩子仍然是孩子，而在孩子的眼中，家中的一切已经不同。家长已经不能再用对待幼儿的方式对待孩子了。当孩子重新回到身边，父母要特别注意与孩子充分进行情感沟通，让孩子重新建立起对于家庭的安全感和归属感。当孩子面临新环境的适应问题时，父母要及时地站在孩子身边，成为孩子的心理支持者。有些父母工作繁忙，疏于与孩子沟通交流，“跟小孩子有什么好谈的呢”？或者只是关心考试成绩和生活吃穿，“上学的事有什么适应不适应的”。

一定不要忘记，小学阶段的亲子关系仍然是影响孩子成长的重要关系。

孩子刚回到父母身边，家长要注意孩子的哪些心理变化呢？有下面几条：

失落心理。许多转学的小学生在原学校是班级的优秀生，来到深圳的新环境，由于存在地区差异，孩子仍然会感受到与同学的差距。心理上会有失落感，出现情绪波动和焦虑。

自卑心理。转学的小学生产生自卑心理一般有三种情况：一是部分同学入学前摸底考试成绩不理想，自尊心受挫。自我感觉能力不足。二是部分同学入学后发现，许多同学各有所长，家庭条件优越。特别是偏远地区转入深圳的学生，会滋生自卑心理。三是部分同学过去经常被老师赞扬，自我感觉良好。转学后，班级地位和角色发生变化，失去表现的机会，对暂时的困难心理准备不足，往往诱发自卑心理。

孤独心理。部分学生不能很快交上新朋友，不能很快适应学校环境，没有找到与学生交往的共同话题，容易产生孤独心理。如果再有老师对孩子无意忽视，父母对孩子关注不足，转学后的小学生心里话没有地方诉说，就会造成孤独苦恼的心理。家长要特别关注这一点，跟老师及时沟通，帮助孩子尽快融入班级环境。

一定不要忘记，小学阶段的亲子关系仍然是影响孩子成长的重要关系。

## 调理情绪是亲子双方的事

小温，男孩，10岁，读四年级，三年级时从老家转学来深。小温父母来深打工多年，均是小学文化，经营小饭馆。小温与父亲关系不好，脾气暴躁，成绩较差，与同学冲突较多。

小温三年前在老家生活，由爷爷奶奶照顾生活起居和学习。来到深圳后，与父母关系不亲密，特别是与父亲的关系。父亲好赌，脾气暴躁，经常对小温横挑鼻子竖挑眼地训斥。他自己经常玩麻将、喝酒，因此小温一直看不惯父亲。有时小温也不甘示弱，跟父亲争吵不休。小温在班里与男生关系较好，有些是“哥们”关系，但与女生关系不好。小温的哥们均是成绩和行为习惯比较不好的男生，常在班里打闹吼叫。一天，老师来电话，说是小温在上课的时候情绪发作，跟同学打起来了，闹得全班同学没法上课不说，还把同学打伤了。怎么办？把孩子带回家里反省吧。

妈妈表示对小温的管教无能为力，老师一打电话过来就心惊肉跳，担心孩子在学校里又惹了什么祸。孩子的情绪为什么会这么糟？怎么调理孩子的坏脾气呢？

这里提出一个小学生情绪管理的问题。这个问题比较常见。情绪管理从来都是孩子成长中的一件大事，可是很多家长并没有觉察到这一点。情绪对于身心健康的重要性不言而喻。医学证明，76%疾病都是情绪病。而对于情绪的管理，从小就要建立起健康的方式。

没有哪个孩子在婴幼儿阶段不是哭闹着长大的。孩子小时候用哭闹的情绪来表达各种需求，而父母要懂得孩子哭闹的含义，给予细心照料，同时也安抚好孩子的情绪。很多问题也出在成长的早期阶段。有时候妈妈烦躁发火了，有时候妈妈疏忽照料了，有时候妈妈打骂孩子了。如果这些不良的照料关系成为一种常态方式，孩子就可能带着没有处理好的某种焦虑，甚至恐惧的情绪长大。这些不良情绪将成为基础情绪的一部分。也就是说，一个孩子平时看上去就是那种样子，焦躁不安的，乱发脾气的，或者闷闷不乐的。

小学生比幼儿阶段在情绪表现上成熟一些了，他们不会无缘无故地哭闹发火。但是，一般来说，小学低年级学生的情绪仍然不够稳定，控制自己情绪的能力还很弱。有些小学生会在处理人际关系时用发脾气的方式来表达。

表面上看，小学生的情绪表现多与校园生活有关，而实质上，小学生的情绪表现仍然与家庭环境有着千丝万缕的联系。一个在家庭环境中基本能够处理好情绪问题的孩子，在学校里也能够处理好人际关系。在本文的案例中可以看到，小温的爸爸性情暴躁，跟孩子的关系也是简单粗暴。这种情绪表达的示范很糟糕。长大的小温不但不能处理好自己的情绪郁结，还在跟爸爸的互动中熏染了暴躁的脾气。小温带着这样一种焦躁不安的情绪来到学校，总要在各种人际关系中寻求宣泄。

表面上看，小学生的情绪表现多与校园生活有关，而实质上，小学生的情绪表现仍然与家庭环境有着千丝万缕的联系。

我们常说，家长的陪伴是与孩子共同成长的过程。这个道理在于，如果家长意识到孩子的情绪问题与自己有关，那么，家长首先就要改变自己的情绪表达。其实，让家长自己发生改变并不是一件简单的事。有些家长会认为自己性情已经如此，难以改变。这个问题在于，现在孩子的脾气表现跟家长直接相关，您作为家长，肯不肯为了孩子做出改变？有了改变才有自己的成长，也才有孩子的成长。帮助孩子调理情绪是亲子双方的事。

如果家长意识到孩子的情绪问题与自己有关，那么，家长首先就要改变自己的情绪表达。

然后还要改善与孩子的互动方式。以平和的态度与孩子交往；让孩子了解自己的情绪特点，什么情况容易产生不良情绪；当孩子发脾气时，不与孩子对抗，让孩子将不良情绪合理地宣泄；与孩子讨论管理自己情绪的方法，比如去运动、听音乐、找好友聊天。

这需要一个过程，这在于形成一个新的家庭氛围。

# 低自尊带来成长伤害

当当已经四年级了，可还是一个让人不省心的孩子。当当上课大声说话，他说控制不住自己。在老师的眼睛里，当当没规矩，做作业拖拉，学习没动力，没有上进心，班里有什么事都不理不睬，还经常与同学发生冲突。上一年级时就经常因为打架被其他家长投诉。这类的事让爸爸很没面子，气急了就打一顿孩子。

一次学校公开教学活动日，爸爸来到学校，课间休息时，看到当当与同学打闹，竟然躺在地上，任由六七个同学围着取笑。而且，据同学说他经常这样做。怎么这样不懂得好歹呢？简直打也不是，骂也不是，爸爸看了心里很不是滋味。陪伴写作业是妈妈的事。只有妈妈陪着才可以完成作业，不陪就不写作业。东西丢三落四，收拾的事情丢给妈妈。

当当小时候由妈妈带到1岁，之后爷爷奶奶带到6岁，再上小学。爷爷奶奶比较宠，让当当由着性子成长，而妈妈爸爸有些急躁，无法容忍当当没规没矩的状态。

一次老师问当当，认为自己是什么样子的孩子，当当低着头，迟疑着回答：我觉得我是一个贱人。老师颇感吃惊地问当当为什么这样看自己？当当想了想说，妈妈说我是个小民。当当觉得小民是低贱的意思。当当的爸爸是农村家庭，跟妈妈谈恋爱的时候，妈妈总有几分觉得委屈的意思。有了当当之后，妈妈没有上班，近几年越来越多地发牢骚了，埋怨爸爸窝囊废，经常数落孩子不争气。

当当是一个低自尊的孩子，低自尊的问题在小学生群体中并不少见。什么是自尊？自尊就是自我尊重。自尊是说我们怎么看自己，我们认为自己有多大价值。自尊是我们关于自己的核心信念。而低自尊意味着你把自己看得很低，认为自己不够好，不如他人，等等。

人怎么看自己这件事仍然要追溯到童年。其实，童年阶段，人并没有完全形成关于自我的看法。一个孩子还无法适当地评估自己。或者说，童年阶段，人的自我意念还没有完全形成。但是，关键在于，这正是处在一个形成自我意念的过程中。一个孩子每天做什么事情，能够做什么事情，他自己认为能够做什么事情，都在帮助他形成关于自我的意念。

如果父母是欣赏孩子的，那么孩子会有一种感觉：我是很好的，我值得拥有美好的东西。这样的孩子就会自视很好，自尊充盈。

我们看看家庭环境在怎样影响孩子的自尊。如果家庭条件是基本满足生活需要的，孩子的需求也可以基本满足，还有更重要的是，如果父母是欣赏孩子的，那么孩子会有一种感觉：我是很好的，我值得拥有美好的东西。这样的孩子就会自视很好，自尊充盈。但是如果相反，父母有意无意地数落孩子，贬低孩子，孩子也会这样低视自己，本文的案例就是如此。低自尊的产生源于下面几个原因：较多挫败的负面经验，惯常的责怪或忽视，来自受到歧视的家庭等等。

一个低自尊的孩子会产生自我否定的想法，认为自己很差、不如别人，在遇到应对挑战的事情时往往会迟疑退缩，没有信心。低自尊的孩子会更少地去做探索性的尝试，而更多地认同失败。可怕的是对于失败的体验形成关于自我的核心信念，从而会加深这种带有偏见的观念，更深地认同自己的不足，裹足不前。自我否定的孩子会自视卑微，在同伴群体中自认为不如他人。本文案例中的当当顺从地躺在地上任由同学取笑，用一种自我贬低的方式来讨好他人，就是一种低自尊的表现。

低自尊还有一种相反的表现，即小心翼翼地保护自己，来维系自己好的外部形象。比如有些父母离异的孩子努力遮掩父母离异的事实，他们对离异家庭的话题会很敏感；有些孩子特别在意别人的评价，如果有人对自己做出负面评价，就无法忍受。他们的内心逻辑是：我认为真实的我不够好，因此我不能让人发现真实的我。我要努力把每件事情做好，为的是不能让别人看低我，否则我的自我形象就会受损，我的自我价值就会贬低。

下面是7种常见家长造成孩子低自尊的原因，知道了它们，也就知道该怎么做了。

1. 常常拿邻居的孩子刺激他。比如这种话要时常挂在嘴边："看人家××，从不让父母操心！"

2. 让孩子觉得自己什么都不行，没人赏识他。比如学习不行，长相不行，交际不行，干家务不行，马虎，粗心，让家人为他受累……总的来说，他没有行的地方。

3. 和孩子说话时口气绝不能和蔼，一定要突出家长的尊严，使用命令式的口吻。再配合一些挖苦讽刺的评价，如"你真蠢""你混""怎么生了你这么个东西"等。

4. 迁怒孩子。单位上遇到不顺心的事，回家后要千方百计找理由向孩子撒气。不管啥事都归罪于孩子的过错然后教训他。这样做可以有效地打击孩子的自尊心。

5. 孩子的一切要由你来决定，不给他一点儿自由，他的行踪你要密切注视。这样做能让他感觉到他是一个受人操纵的木偶，足可以摧毁他的自尊。

6. 父母常常吵架，恶言相加，不顾忌孩子在场。让孩子感觉自己的家很糟糕，自己不被父母关注，甚至认为父母吵架与自己有关。

7. 当众出孩子的丑。当着外人的面损他、贬他，让他羞愧难当。这样做能令孩子产生生不如人的心理，产生自惭形秽的念头。

# 欺负与被欺负的背后

“老师，球球又打我！”一个瘦小的男生冲进办公室，一边抹眼泪，一边对老师说。今天，已经是第三次有孩子向老师投诉说被球球打了。

五年级的球球暴躁伤人的事情屡屡发生。球球在学校要求同学都要顺从他的意愿，只要有所违背，就对同学大打出手。他经常仗着自己身材高大，动不动就欺负同学，班主任经常找他谈话，但没有成效。除了上语文、数学、英语课外，其他课都会影响同学听讲，在下面说话，有时还目中无人地唱歌。

如此蛮横霸道，家庭一定给了他滋生这种性格的土壤。球球妈妈生了妹妹。在妈妈没生妹妹前，球球脾气没那么暴躁。因为女儿得了先天性地中海贫血，身体很虚弱，容易受到感染，妈妈照顾女儿较多，就疏忽了对球球的关爱，而且还要求球球让着妹妹。而球球的爸爸管教孩子简单粗暴，孩子不听话，烦了就骂，急了就揍。

感到不被关爱的球球受到爸爸管教方式的影响，在学校的欺负行为越来越频繁。而且，球球特别喜欢看攻击性较强的漫画、电视等，常常还边看边挥舞着拳脚。

球球经常在学校欺负同学，爸爸却不以为然。老师就只好打电话跟球球妈沟通，搞得球球妈看见老师来电就心惊胆战。

校园欺负是一种常见的问题，人们经常会把它看成是一种孩子之间的打闹。校园欺负又是一种不能忽视的问题，因为它常常在孩子之间造成心理伤害甚至伤及生命。

我们要把校园欺负与校园欺凌作一下区分。校园欺凌是严重的校园欺负行为，是校园暴力的同义语。校园欺凌更多地需要一种组织管理行为来加以控制。而校园欺负则表现出常态化的特点，以至于成为个人成长需要应对的内容，更具有心理学讨论的意义。

欺负是一种特殊的攻击性行为。攻击性可以理解为是人的一种本能行为。人具有攻击性，是为了满足自身在发展竞争中求生存的需要。然而，很多人并不表现出直接的攻击性。人经过现代文明的熏陶，特别是良好家风的教养，不需要以一种直接的攻击性来满足自己生存与发展的需要。

校园欺负多发生在小学高年级和初中阶段。这正是孩子处于青春期的多事期。有统计数据表明，小学、初中学生中欺负情况发生率在20%左右。这个阶段的学生面临独立成长的困惑。他们精力比较旺盛，情绪控制较差，又偏于喜欢猎奇探索，一些孩子通过模仿学习和早年经历习得了攻击行为。这两方面的原因都与家庭环境有关，特别是那些以欺负他人来与人建立关系的孩子，需要反思孩子家庭生活的经历。

心理学认为，儿童早期与照看者之间形成的互动关系影响着其将来的人际关系。如果在儿童期形成不安全的依恋关系，可能会造成儿童以后在学校里产生不安全感和焦虑心态，从而导致欺负行为发生。说得更直接一些，父母对待孩子的方式，会成为孩子对待他人方式的样本。“既然我打不过你，我就成为你；既然你可以打骂我，我就可以打骂别人”。如果孩子在家庭里缺少温暖和爱的滋养，甚至频频遭受暴力，那么他就倾向于成为暴力的仿效者。还有就是受到电视、网络等暴力情节的负面影响，诱导出他们本能的攻击性。本文案例中的球球就是这种情况。

父母对待孩子的方式，会成为孩子对待他人方式的样本。

如果自己的孩子是欺负者，该怎么办？

不要以为自己的孩子欺负人，家长会暗自窃喜。自己的孩子在外面不受欢迎、屡被告状，甚至动手伤人，是很让家长提心吊胆的事。欺负者常常是缺少获得感的机会，缺乏处理负面情绪的能力，缺失社会交往的能力。如果自己的孩子是欺负者，家长首先要反思自己的教育方式。是不是疏于关爱孩子，是不是常常打骂孩子，甚至于自己就是一个暴脾气。如果真的是这样，那么家长首先要做的是改变自己，尽管做到这一点有些难。孩子成长的过程也是家长成长的过程。因为有了孩子，所以家庭生活要随之改变。家长做和谐生活的榜样，要营造充满爱意的家庭氛围，要引导孩子适当地宣泄自己的情绪，更要关注孩子的心理需求，支持孩子通过自己的努力获得成长的成就感。

如果自己的孩子是被欺负者，该怎么办？

如果欺负偶尔发生，孩子没有讲，那么家长根本就不知道。一般来说，孩子在成长的过程中，会遇到各种与人发生矛盾的情况。有时候会吃亏了，受挫折了，受委屈了，受欺负了，我们希望自己的孩子在这样的过程中能够调整自己、磨砺自己，自己去处理好人际矛盾。即便有时孩子回家讲了某种被欺负的情况，如果是一般的欺负现象，我们也希望通过跟孩子的交流，让孩子自己去处理自己面临的问题。

现在是另一种情况，孩子受欺负了，感觉心理受到伤害，需要家长的帮助。

首先，家长要接纳孩子的各种情绪反应。在被欺负了之后，有些孩子会退缩，有些孩子会哭闹，有些孩子会恼怒。家长这时候要关注孩子的感受，让孩子在感到无助时能够及时感受到父母温暖的支持。如果父母能够经常保持与孩子的沟通，在孩子遇到欺负事件时，会及早地寻求沟通与处理，不会让欺负事件进一步造成心理伤害。

很多家长会有一种简单的想法，谁打你了，你就打谁。然而这种以暴制暴的思路不是解决问题的根本办法。如果是性格软弱的孩子受到欺负，常常是缺乏自我保护的能力，或者某些方面处于弱势。如果让这样的孩子去反抗欺负者是不现实的。这时候，家长应该以一个正义、成熟的形象出现，跟孩子就具体的欺负情况进行讨论。基本的原则是，表达抗议，必要的回避，经常跟朋友在一起，寻求他人的支持；家长去与老师沟通；家长与对方家长沟通等。让孩子得到成年人的示范与指导，懂得如何保护自己不受伤害，通过这样的过程获得心理成长。

如果孩子小时候在呵护中长大，很少有争吵与挫折的体验，面对被欺负的情况常常会缺乏胆量。这种情况家长就要加强培养孩子大度开朗的性格和敢于据理力争的勇气。告诉孩子不能在欺负他的人面前害怕退缩，可以进行必要的反抗，包括肢体回击。让对方知道，你不是那么好欺负的。当然，这种反抗不是拼命，更不是伤害。重要的是通过这样的反抗行为让孩子获得强大感。这种情况家长要给予充分的指导，在欺负中获得成长也不是一件容易的事。

如果孩子在一所学校已经因为受欺负产生心理阴影，为了切实有效地保护孩子不受伤害，转学也不失为一种较好的选择。

## 偷拿同学东西的隐情

**案例一**

小花读二年级。妈妈发现孩子喜欢拿人家东西，也有拿过家里人的钱。有时放学回家，小花书包里会有其他同学的东西。妈妈教育过很多次，打过、骂过，都没有效果，孩子依旧会有这种行为，妈妈问孩子为什么要拿人家东西，孩子说她不知道为什么拿，但她还是会拿，而且拿了人家的东西还不承认，说是老师送给她的。

妈妈知道孩子有这种行为后，在物质上尽可能地满足孩子的要求，希望她不要拿别人的东西。爸爸知道孩子有这种行为后，会生气地教育她，但不会动手。孩子在外人面前比较内向，乖巧，在熟人面前会比较调皮，平时放学回家很少主动与父母沟通。

家里还有个哥哥，孩子也喜欢拿哥哥的东西。因为是自己的妹妹，哥哥并不在意。爸爸平时上班工作不忙，妈妈现在全职在家带孩子。妈妈承认有时候没有把心思放在女儿身上，孩子从小奶奶带得比较多，奶奶比较宠孩子，孩子上一年级后，奶奶回老家了，就由妈妈带。

**案例二**

小鹏是四年级的学生，对课堂学习提不起兴趣。上课时，小鹏整堂课都是如坐针毡，要么玩东西，要么啃手指；左右乱扭，前后乱捅。他学习成绩差，作业完不成，每次考试都是一塌糊涂。还有，小鹏的情绪如南方的六月天，说来云就来云，说下雨就下雨。同学们都不愿意跟他玩。小鹏孤单单地一个朋友也没有。

班里最近发生一件蹊跷事，同学们的学习用品接连不断地不翼而飞。这些学习用品不过就是一些铅笔、橡皮之类的东西，哪个学生拿出这些用品来都是一把一把的，并不会有谁真会缺少它们。这件怪事是谁做的呢？

事情很快就清楚了，是不引人注意的小鹏。老师问到这件事时，小鹏居然还有几分得意的神色，看上去他不在意大家知道自己做了这件事。那样子仿佛在说：就是我干的，想到我了吧？有轰动效果吧？

这把老师搞得一脸错愕，这孩子是怎么了？以为自己在跟人开玩笑？以为自己做的是英雄之举？

小鹏在家里是怎样的生活状态？老师了解到，小鹏在家里很少得到父母的关注。

孩子偷拿别人东西是很让家长担心的事，很多家长担心孩子因此会学坏，而且孩子生活中并不缺少这些东西，真是难以解释孩子为什么会这样。

孩子的社会性成长是一个复杂的学习过程。在这个过程中，如果一些基本的方面长期有所疏忽乃至缺失，孩子的社会性成长就会出现偏颇和异样。

孩子在婴儿时期与妈妈有一个一体化的生存阶段。婴儿的一切都得到适当的满足，仿佛世界因自己而存在。那是一种与妈妈亲密无间的状态，一种和谐交融的状态。这时候，婴儿感觉不到人与人之间的界线，或者说，认为人与人之间不存在界线。“我的是我的，你的也是我的。”

5个月左右，婴儿开始进入区分阶段，他要意识到，妈妈乃至于整个世界都存在于我们身体之外，其间存在区分的界线。关键是，妈妈要帮助孩子建立界线感。什么东西是哥哥的，什么东西是别的小朋友的，别人的东西自己不能随便乱动。

我们在案例一中看到的正是这种情形。小花小时候由奶奶带，而奶奶比较宠孩子，什么东西都要先满足小花的需要。小花自然感觉到家庭生活是以自己为中心的，做事首先考虑满足自己。被宠的孩子长不大，社会性成熟滞后。不巧的是，家中的哥哥很懂事，对妹妹很是谦让。“你的是你的，我的也是你的。” 模糊了人与人之间的界线区分，也助长了小花的自我中心意识，因此小花会控制不住自己去拿别人的东西。“我的东西和别人的东西有什么区别？我喜欢就可以拿嘛。”

案例二是另外一种情况。人都会渴望一种社会性的存在感，即自己能够得到他人关注。很多家长注意到了这一点，经常表现出欣赏孩子。当孩子得到欣赏时，她就会倾向于肯定自己。然后继续在求得赏识中发展自己。如果长期被忽视，在这方面就容易出问题了。小鹏就是这种情况。

小鹏的父母对孩子的管理像是放羊，没事时散漫自在，有事时就抽一鞭子。小鹏的功课很少在家里得到辅导。要是作业出了差错，妈妈上来就是一顿暴脾气。小鹏的自尊受到了伤害。结果他不是越来越顺从，而是越来越叛逆了。妈妈即便说得在理的事情，小鹏也充耳不闻；妈妈表示关心的时候，小鹏居然冷漠若冰。而小鹏的父亲，则是一个苛刻节俭的人，一年四季穿着几件简单的衣服，日常生活用品尽量能用就用。他对孩子很少关注，而且要求近乎苛刻，小鹏有时闹着想买新奇的玩具也不能满足。

不甘寂寞的小鹏开始用另类的方式表现自己了。他偷拿一些同学的学习用具，开始觉得很刺激。尤其是当他看到同学们发现丢了东西的样子，心中很是快意。而使用别人的学习用具做作业有一种“节俭”的满足。

小鹏的父母看到孩子无故多出来的学习用具，知道了事情的原委，但是暴跳如雷之后，却是一筹莫展。

现在我们明白了，小鹏并不缺少学习用品，而是缺少了被人关注、缺少了同伴情感。他在用自己特别的方式发出一种声音：我在这。或者说，小鹏是在偷情感关注。

原因清楚了，也就知道怎么做了。案例一的情况都是出在低年级段，是年龄小，成熟晚一些，懂事晚一些，界线感

家长要加强与孩子的情感交流，关注孩子的心理需求。家长的关注不缺位，孩子的情感才会不缺失。

不清。在家里，家长要注意培养孩子的独立性，自己的事情尽量自己做。独立性有了，懂得负责与分享了，界线感自然也就有了。案例二是出在情感交流缺失的家庭。家长要加强与孩子的情感交流，关注孩子的心理需求。家长的关注不缺位，孩子的情感才会不缺失。

# 爸爸如何培养孩子？

小南，女孩，小学三年级。妈妈最近对小南很是发愁，说孩子现在对什么事情都漠不关心。叫她做一件事情怎么都叫不动，回家从不主动做作业。妈妈算过，孩子在状态好时完成数学作业只需要10分钟，但是很多时候都是精神涣散、发呆、玩小东西。母亲说孩子做事目的性不强，早上迟到还是磨磨蹭蹭的。而最让妈妈头痛的是，孩子总是在小事情花很多时间，不满足就哭闹。

比如：出门前换衣服，会嫌弃这件衣服小，那件衣服大，那件衣服不舒服。明明自己能做的事情，总是说不会做，让别人帮忙。比如扎头发，如果妈妈不帮她扎，她就随便弄一下，以表示真的不会，实际上她可以扎得很好的。这种情况从小学一年级时就这样。妈妈一急起来，也骂过打过，可她都无所谓了。

小南小时候由妈妈在老家带大，那时爸爸先去了深圳创业。小南上幼儿园的时候很活跃的，会跳舞，爱表演，别人见了都夸可爱。小南在上小学时来到深圳，一家人团聚一起生活了。这几年也不知怎么了，孩子不自信了，不表演了，对什么东西都漠不关心了。老师反映说小南上课不听讲，在画画，问她什么，都答没什么。

到底发生了什么事呢？妈妈想来想去，觉得孩子可能是受自己夫妻关系的影响。孩子不听话时，爸爸教育不了，就会打孩子，并且会迁怒于妻子，有时甚至会在孩子面前掌掴妈妈。爸爸这个人读书少，脾气大，也拿他没办法。孩子很讨厌他，同情妈妈。爸爸在家时，孩子就躲在一边，爸爸不在家时，孩子就黏着妈妈闹。

我们能感受得到，孩子的问题真的是家庭的问题，是家庭系统的问题。作为一个小学阶段孩子的成长历程，她正在从家庭走向外面的世界。可是我们看到，本文中的小南走得有些忧虑。在妈妈的悉心呵护下，小南幼儿阶段成长得不错。小学阶段，跟爸爸妈妈在一起了，小南反而出了问题。由于爸爸教育孩子简单粗暴，小南的心里留下了阴影。她不仅行为退缩，还有些担忧妈妈。她不想留下妈妈跟爸爸在一起，可是跟妈妈在一起又不能帮助妈妈。一种矛盾的心理让小南忧虑不安，她静不下心来去探索外面的世界。当家庭生病时，孩子常常成为病症表现者；当家长肆意宣泄时，孩子常常成为心理受害者。

当家庭生病时，孩子常常成为病症表现者；当家长肆意宣泄时，孩子常常成为心理受害者。

我们要谈谈爸爸如何培养孩子的问题了。

在实际的家庭生活中，在抚养孩子的事情上，总体上说，的确是妈妈付出多一些。这也是男主外、女主内传统观念的影响。于是爸爸在孩子成长过程中的作用常常是缺失的、不足的，甚至是负面的。

我们已经反复强调了家长对于成就孩子成长的重要作用。家长不仅有重要人物的妈妈，还有不可缺失的爸爸。心理学的很多研究都表明，父亲参与教养的程度对孩子的成长有积极影响。爸爸读书少就不会教育孩子？还记得我们说过的一项调查结论吗？在影响孩子成长方面，主要家庭因素不是父母的文化水平高低，而是父母营造的家庭氛围、建立的亲子关系。这方面，不管什么文化背景的父母都是可以做好的。

我们需要假定一个前提条件，爸爸是一个心理成熟的男人。如果像本文案例那样粗暴脾气的爸爸，情况真的很糟糕。至少，这样的爸爸要知道，是自己的坏脾气给孩子的成长带来了坏影响。

爸爸要怎么做呢?

第一，善待妻子。有和睦的夫妻关系才有温馨的家庭氛围。实际上，做到这一点并不容易，夫妻在一个屋檐下生活，难免吵架拌嘴。但是吵架这种事情至少要回避孩子。本文的案例出现爸爸当着孩子的面打妈妈的情况，真的，对于孩子来说，整个人都不好了。给孩子造成严重的负面影响，还谈什么培养孩子呢?家庭教育显得无力的地方就在这里，指出你的问题了，可以改变吗?

第二，作为一个负责的爸爸，把孩子的利益放在重要位置。喜欢抽烟吗?但是这对孩子的健康不好；习惯与朋友宵夜吗?但是孩子需要你的陪伴。如果爸爸心中始终都有孩子的位置，要在工作和家庭方面做出调整，任何拿工作忙说家庭事的爸爸都是借口。

第三，做一个有趣的爸爸，和孩子一起活动。有些爸爸回到家里，只是自己休息，或者做自己的事情。这种情况是无效的陪伴。爸爸要和孩子做有内容的互动，有聊天、有游戏、有运动。用肢体表达情感，用有趣建立交流，跟孩子形成亲密关系。

第四，做一个有影响力的爸爸。爸爸要给孩子做生活的榜样。孩子很多方面需要家长的指导，怎么安排自己的生活，怎么对待老师，怎么交朋友，这些不仅是妈妈的事，爸爸更应该表现出智慧的一面，至少是不能缺位的。

第五，做一个欣赏孩子的爸爸。有些爸爸也知道自己有教育孩子的责任，但是发现孩子有问题了，却上来就是一顿训斥打骂。其实，这样的爸爸自己明知道不该这样，只是做出一种本能的态度表达:“我要管就是这样管，要不谁能管谁管。”这实质上是一种潜意识中的逃避和嫌弃。孩子是自己的孩子。欣赏鼓励支持孩子，孩子才会充分地接纳自己，才会自信自强不退缩。孩子是带着问题长大的，是在努力尝试中成长的，爸爸要在心里形成一个好孩子的形象，宽容孩子成长中的问题，让孩子释放出自我成长的力量。

# 拓展阅读

## 婴儿到青少年期的发展阶段一览表之儿童中期（6—12岁）

| 情景中的自我理论观点 | 艾里克森的心理社会发展观点 | 潜在的问题 |
| --- | --- | --- |
| 这是儿童开始学习读、写、算的时期。他们对自己的性别、种族、文化和能力等方面有了更深入的认识。同样，他们对于自己和家庭、伙伴以及社区之间的关系也更加了解。他们这个时候的关键任务是要发展移情或学会观点采择。 | 学龄期：<br>核心任务是获得勤奋感，如果没有形成勤奋感，他们就会对自己丧失信心。儿童需要扩展对所处世界的了解，并且继续发展出适当的性别角色身份。习得一些学习所需要的技能。<br>主要冲突：勤奋对自卑。<br>核心品质：能力。 | 起源于儿童中期的问题可能有：消极的自我概念，在建立社会关系上存在自卑感、价值观冲突、性别角色认同混乱、过度依赖、害怕新挑战以及主动性的缺失。 |

## 7—12岁年龄段的家庭教育指导

1. 7—12岁儿童的身心发展特点

7—12岁是整个儿童期十分重要的发展阶段。该阶段的儿童身心发展特点主要体现在：儿童身高和体重处于比较迅速的发展阶段；外部器官有了较快发展，但感知能力还不够完善；儿童处于从以具体的形象思维为主向抽象的逻辑思维过渡阶段；情绪情感方面表现得比较外显。

2. 家庭教育指导内容要点

（1）做好儿童健康监测，预防常见疾病发生。指导家长科学安排儿童的饮食，引导儿童养成健康的饮食习惯；培养儿童良好的卫生习惯和作息习惯；为儿童提供良好的学习环境，注意用眼卫生并定期检查视力；督促儿童坚持开展体育锻炼，积极配合卫生部门定期做好儿童健康监测。

（2）将生命教育纳入生活实践之中。指导家长带领儿童认识自然界的生命现象，帮助儿童建立热爱生命、珍惜生命、呵护生命的意识；抓住日常生活事件增长儿童居家出行的自我保护知识及基本的生命自救技能。

（3）培养儿童基本生活自理能力。指导家长重视养成教育，防止因为溺爱造成孩子的依赖性，注重儿童生活自理意识的培养；创设家庭环境，坚持从细微处入手，以激励教育为主，提高儿童的生活自理能力，养成生活自理的习惯。

（4）培养儿童的劳动观念和适度花费习惯。指导家长教授儿童一定的劳动技巧，给儿童创造劳动的机会，培养儿童劳动的热情；鼓励儿童参与家庭财务预算，合理支配零用钱，防止欲望膨胀，形成量入为出的观念，培养儿童理财的意识。

（5）引导儿童学会感恩父母、诚实为人、诚信做事。指导家长为儿童树立积极的人格榜样，创造健康和谐的家庭环境；从大处着眼、从小事入手，及时抓住日常生活事件教育儿童尊敬老师、孝敬长辈，学会关心、感激和回报他人。

（6）帮助儿童养成良好的学习习惯和学习兴趣。指导家长以身作则、言传身教，创设安静的环境，引导儿童专心学习，养成良好的学习习惯；注意培养儿童的学习兴趣；正确对待儿童的学习成绩。

3 第三章

# 青涩青春

## 初中阶段

## 本章导读

孩子从小学高年级开始先后进入了青春早期。到初中阶段，孩子正式步入青涩的青春期。这个时期儿童开始感受内心的冲突，开始在困惑中寻找自我，并开始发展出自主感。本阶段的主要任务是形成对自我的认识与接纳。

在这阶段孩子要发展情绪能力，探索自主空间，加深对道德的理解，适应快速的身体发育以及体形上的变化。学会处理人际关系，能够与他人合作共事，建立与异性正常的交往关系。调整适应不同学科的学习方式，形成自主学习习惯。

青春期是心理发展冲突最为明显的阶段。主要冲突是心理上的成人感和幼稚感所造成的矛盾。要认识并适应青春期生理与心理的不平衡感。

初中阶段学习的问题突出出来，需要适应初中课业难度的增加。

# 初识青春期

这是一个初二男生和一个初三女生的来信。

“王老师，我已经初二了，不知怎么回事，我总是感到很烦躁。我们班里有一个漂亮女生，我晚上睡觉总能想到她。可是白天看到她时，我又总是躲着她。离得远了，我又忍不住偷偷看她。我总想吸引她注意我，可是我又对自己很多地方不满意。一天真是烦死了。青春期就是这样吗？”

“王老师，你能帮帮我吗？我14岁了，长得不是很漂亮。小学时候，我和一个同班男生很要好。后来，我们俩上了同一所中学，但是不同班。今年情人节，我们俩在心语咖啡厅用的晚餐，很浪漫的。当时，他说了只跟我一个人在一起。可是上周我发现，他跟班里的另一个漂亮女生好上了。这个花心老公，因为我不漂亮就把我甩了！我该怎么办？”

青春的男生女生第一次遭遇了青春期，有点儿懵懵懂懂，有点儿不知所措，也有点儿烦躁不安。

很多家长会发现，孩子上了初中后跟小学生大不相同了。不仅是个头长得很快，心理上也发生一些难以琢磨的变化。都说是孩子到了青春期了，可是青春期到底是怎么回事呢？

人生的成长阶段可分成婴儿期、儿童期、青春期、成年期、中年期和老年期。青春期就是从儿童期向成年期的过渡时期。从年龄上说，一般指10岁至20岁这个阶段。女孩的青春期开始和结束年龄通常比男孩早2年左右。青春期具体发生和结束的时间会有个体差异。

青春期的重要生理标志是女孩来了月经，男孩发生遗精，即生殖器官发育成熟了。

青春期少男少女的身体会快速发育。体重迅速增加，身形也发生变化。男孩显得结实健壮，女孩显得丰满圆润。

正是由于身体的快速发育，青春期孩子的心理上也出现一系列急剧变化。这些急剧变化主要表现在三个方面：一是性意识萌发；二是独立欲望增强；三是情绪波动明显。

青春期阶段可以认识和体验人的两个原始驱力了：性驱力和攻击驱力。这两个原始驱力到了青春期开始在心底发力。人需要以社会允许的方式宣泄原始驱力，因而需要学习以适当的自我防御机制来调控原始驱力，不能让它们任性冲动毁掉自己。

案例中的初二男生在倾慕漂亮女生的过程中开始重新认识自己。倾慕漂亮女生本是常情，晚上睡觉想一想也很自然。其实同窗几年有漂亮女生相伴是件快乐的事，回头精神一振努力完善自己岂不更好？

案例中的初三女生遭遇到了异性如何相处的麻烦，真的投入了“早练”。女性情窦早开试试“早练”也无妨，“早练”受挫倒能促进及时收场，静下心来仔细想想其实学业更重要，慢慢实践学会男生女生怎样交往。

进入青春期的初中生会比小学生的心理表现更为复杂。笔者曾经就中小学生自杀的课题进行跟踪研究8年，结果发现，发生在初中阶段的学生最多，占发生总数的53%。尽管这是小概率事件的研究，但是足可以反映出青春期阶段孩子的心理问题特点。他们情绪上多见于冲动；行为上多见于叛逆；思维上多见于偏激。

处于青春期的初中阶段，是生命中最多困惑、最多冲突，也是最多挑战的时期。他们开始懂事，但是不完全懂事；他们开始趋向成人，但是并未成年；他们开始冒险，但是却不清楚危险。所以说，人生的青春期，是色彩斑斓的时期，是暴风骤雨的时期，是跌宕起伏的时期，是判若两人的时期。青春期也是让很多家长感到头疼的时期。

青春期的孩子，他们从这时候开始思考人生的基本问题。我是谁？我从哪里来？我要到哪里去？父母要正确理解孩子青春期的困惑。到了青春期的孩子应该有困惑，所谓的困惑是成长中的困惑，是长大懂事的困惑。青春期的困惑不是坏事，孩子要通过感受困惑和解决困惑获得自我成长。

孩子到了青春期，家长真切地感到，孩子在闹情绪，在表达个人喜好，在独立做事。孩子不再依恋在妈妈身边了，是真的在与父母分离，并正在与父母建立新的互动方式。可能父母有点不习惯，孩子怎么不像过去那样黏着自己了，因此反过来用过于关注的方式黏着孩子。结果事情会有些糟糕，亲子之间会爆发莫名其妙的冲突。长大的孩子需要有自己的空间，这个空间父母也不能随便进入。

一直关爱孩子的父母会想不通，我的孩子居然跟我也有界线。是的，真正的成长是自我的发展，是独立人格的形成。孩子与父母有了界线，不再纠缠在父母的关系里，才能有力量去探索自我的天地，但这并不意味着父母从此可以撒手不管了。正相反，父母在这个过程中应该与孩子形成深度的交流关系。关注孩子心理上的变化，更多交流成长方面的话题。这是一种有距离的交流，一种尊重自主性的交流，一种给予支持与关注的交流。

过去的生活经历应该为今天的青春期到来做好铺垫。很多青春期问题的出现，是因为过去的生活并未为今天做好准备，比如孩子仍然依赖在父母的关系里。其实，孩子不可能完全准备好，他还不清楚走进青春期所发生的事情，他需要用自己的身心感受这一切。重要的是，他可以离开父母去尝试和探索了。孩子出现情绪波动，因此他开始学习处理自己的情绪；孩子出现任性行为，因此他开始学习自我克制。面临青春期的问题，孩子需要更多调动自身的力量。

到了青春期的孩子应该有困惑，所谓的困惑是成长中的困惑，是长大懂事的困惑。青春期的困惑不是坏事，孩子要通过感受困惑和解决困惑获得自我成长。

孩子与父母有了界线，不再纠缠在父母的关系里，才能有力量去探索自我的天地。

青春期孩子的很多问题是长不大的问题。为了孩子最终走向独立，父母不仅要鼓励孩子发展自我能力，还要继续给予安全感和情绪上的支持。这两者之间需要达成一种适度的平衡。

孩子走向独立不是一件容易的事情，他需要挣脱家庭的爱缚。是的，对于青春期的孩子，如果父母仍然像对待幼儿一样爱孩子，更多包办孩子应该自己做的事情，所谓的爱就会成为一种束缚。青春期孩子的很多问题是长不大的问题。为了孩子最终走向独立，父母不仅要鼓励孩子发展自我的能力，还要继续给予安全感和情绪上的支持。这两者之间需要达成一种适度的平衡。让孩子不断地离得开，又回得来，父母且行且放手，孩子则且行且远离。

# 自我在镜子里吗?

大志读初二了，是一个挺帅气的男孩，已经跟妈妈齐头了。

今天大志又没上学，跟老师请假说是身体不适，实际上是跟老师又斗起气来了。事情经过是这次考试大志只忙着在草纸上计算，忘了把答案抄到卷面上，导致成绩差了一截。老师于是提醒说考试时千万要看好卷面，这孩子就烦了。于是母子俩来找心理咨询师咨询。

曾经发生这么一件事。大志初一时因一件小事跟老师闹起了别扭，结果给调到最后一排后至今未能调换。班里有一个潜规则，老师安排坐到最后一排的学生，不是学习差的，就是纪律差的。大志因此觉得同学都在有意无意地回避自己。他认为这就是老师跟自己作对造成的。

大志在家里也是气不顺："在家里妈妈总是看着我，上网不行，玩手机不行。只有做作业她才满意，就是做作业也都看着。一天左也不是，右也不是。妈妈看我就不是一块好肉！"

妈妈想起了什么："这孩子12岁就开始长小胡子了，长胡子自己可不高兴了，照镜子乱刮，看看，昨天都刮破皮了。一天照镜子，不是嫌眉毛高，就是嫌肩膀宽。男孩子肩膀宽就对了嘛！一天老是照镜子干嘛，又不是女孩子！"

大志长着瓜子脸、五官匀称、宽肩长腿、神色冷酷，说他是一个明星也不为过。

趁妈妈出去接电话的功夫，大志忽然神色凝重地凑到心理咨询师面前来，一边掏出随身的小镜子端照，一边一本正经地说："老师，你看我，长得好看吗？"这真是他很在意的事情。

看上去各不相干的事情可以理出头绪了。

走进青春期的孩子会遇到自我的问题。我是谁？谁是我？

这个需要终其一生回答的问题首先在青春期发难，让身陷青春期的孩子们困惑不解。我们先看看这个问题是怎么形成的。

真正的自我来源于早期的人际关系，作为一种典型意义的说法，来自于跟妈妈在一起的生活过程。妈妈通过亲密行为照料孩子生活，让孩子在依恋关系中感受到被关照、被爱抚。孩子则开始建立对母亲的行为认同，这种认同过程也是内化形成自我的过程。孩子在母亲，也在家庭其他成员的照料中完成自我的形成。伴随着长大，孩子逐渐开始进行分离个体化的过程。幼儿期，孩子尝试离开母亲，去探索周围环境。幼儿阶段的分离主要还是物理空间的分离，虽然孩子离开妈妈更远的距离，但是心理上仍然跟妈妈在一起。到青春期则开始发生一个质变，开始与妈妈心理上分离。这是一个心理断奶的过程。孩子自我在心理上的分量越来越大，妈妈在心理上的分量越来越小。孩子更多地感受到了能动的自己。

这种认同过程也是内化形成自我的过程。孩子在母亲，也在家庭其他成员的照料中完成自我的形成。

这时候，孩子开始正视自己了。这真的是自己吗？自己什么样？自己想要什么？要到哪里才能看得清自己呢？

有意思的是，自我的寻找和确认不是通过自省和内观。自我是社会意义的，早期的自我在亲子关系中形成，长大的自我要在人际关系中形成。一个人要在人群中寻找和确认自我，即在各种人际关系中去获得“我是谁”的体验。他人是一面自我的镜子。如果遇到一个人，他正在思考的问题正是我们所关注的，他对于事物的评价又与我们的一致，他在各种情境中所做的反应更是与我们相同，这样我们的内心会引

自我是社会意义的，早期的自我在亲子关系中形成，长大的自我要在人际关系中形成。

起强烈的共鸣。当然还有他人对于事物的评价与我们不一致的情形，还有在人际关系中他人对我们的直接评价，我们就是这样通过与他人的交流互动领悟和形成着自我。

案例中的少年就正处在这样通过人际关系认识自我的困惑中。

镜子里的那个人真的是我？谁都不理我的那个我怎么是我？我看重的人不看重的我是什么我？不管什么原因，大志认为自己不被老师待见、不被同学理会、不被妈妈肯定，内心自我的成长就迟疑了、疑惑了。人的社会意义的自我成长不是个人孤立完成的，而是在被他人的不断认同中完成的。

人的社会意义的自我成长不是个人孤立完成的，而是在被他人的不断认同中完成的。

心理咨询师跟大志妈妈聊天。大志照镜子不是在照自己的相貌，而是在照自己的心理。大志不是不满意自己的相貌，而是在质疑内心的自我。对于孩子来说，朋友就是自己的镜子。孩子从朋友身上看到了自我。明白这个道理，我们就知道如何去做了。在孩子的成长中，要更多地给予鼓励和肯定；在外面，要帮助孩子建立起良好的同伴交往。让他们在重要他人的肯定中形成积极的自我。

# 如何超越自卑？

小荷上初一，一个心思较重的女生。她总是觉得自己不行，稍有一点差强人意就觉得不如人。有一次期中考试，因担心考得差，竟然决定不参加考试，不论父母与老师怎么劝都没有用。其实，小荷的成绩在班里是中游水平，还是可以的。

小荷有一个哥哥，特别优秀，个头高，长得也帅。家人总是把他们兄妹作比较，说哥哥如何如何好。小荷经常会说一句话：我不行，比不过哥哥。

老师了解了这些情况，用心观察小荷。老师发现她写字很好看，便开始想办法鼓励她。一次老师安排一节课进行书写比赛。她虽然不是写得最好的，但是在班里位于前列。老师当全班同学的面表扬她，还把好的作品贴到后面的墙上，当然也包括她的作品。

自此以后，她交的每一次作业，书写都是非常工整、美观。她的学习成绩处于中等水平，但是老师能够感受到小荷在暗暗努力。每次考试的诗歌默写，她总能得高分。老师在通过各种积极体验，让小荷慢慢地找回自己的自信。

进入青春期的孩子开始关注自我，同时也开始评价自我。我到底是一个什么样的人？我比别人差吗？有的孩子自我评价较低。我们先看看从小就缺乏自信的孩子是一种什么感受。

网络上有一个回答是这样的：

1. 走路很慢，遇人习惯低着头。

2. 路上看见熟人走过来，习惯避开，绝不上前打招呼。

3. 说话声音很小，不敢看人的脸。

4. 别人分东西时每次拿少的那份。

5. 害怕别人看到自己优秀。

6. 害怕别人看到自己出丑。

7. 从来不或者很少拒绝别人。

8. 试卷做完了不交，等很多人都交了才交。

9. 排队从来不敢站最前面。

10. 心里一直在渴望成为那个大家都喜欢的人。

总的看来就是，缺乏自信的孩子退缩、回避、消极。为什么会这样？这些自卑的孩子是怎么形成的？

我们一直在肯定一个机制，孩子的自我是在父母的确认中完成的。即父母对待孩子的态度和方式形成着孩子的自我评价。也就是说，我们家长怎么对待孩子，孩子就学着怎么对待自己。

很多父母爱自己的孩子是有条件的，优秀了才爱，做乖孩子了才爱。于是孩子也是有条件地接纳自己。“我做得不好不值得爱”，“我身上还有不值得爱的地方”。孩子的自我价值感就会降低。

很多家长习惯用他人的孩子与自己的孩子比较，而这种比较又常常是用他人孩子的优点来比自己孩子的不足。家长的目的是激励孩子，但是结果却恰恰相反，孩子得到的是一次次自我贬低，一次次自我伤害。本文的案例是在自己的孩子们之间进行比较。自己的孩子得到父母的基因遗传，在比较意义上造成的心理伤害更大。我的哥哥跟我是同父母所生，他那么优秀？我怎么就不行？

很多家长自认为家风威严，对孩子要求严格，于是常常对孩子进行伤害式批评。“你怎么那么笨？”“你就不能给我长长脸？”

特别是到了青春期，孩子比过去更在意自己，也更在意别人的评价，所有那些关于自我的不满变得敏感起来，而每一次挫折都成为自我低估的强化。孩子变得迟疑了，退缩了。看看案例中的情况，孩子连考试都不肯参加了。

> 自卑感是人类不断发展的动因，每个人都在朝向优越感不断努力。

我们需要从另一个角度理解自卑：自卑的意义只是我们自己认为有所不足而已，并不构成自我贬低的理由。因为我们每个人都是有限的，因此，我们每个人都有不同程度的自卑感。从这样的自卑意义出发，我们也就有了努力和发展的渴望。自卑感是人类不断发展的动因，每个人都在朝向优越感不断努力。每个人对生活的理解不同，因此对自身优越感的追求也有不同。

总体上说，因为自卑，所以我们永远不放弃努力，努力地学习和认真地生活；因为自卑，所以我们自省，清楚自己正在做什么，也知道自己能够做什么，时时谨慎，事事在心；因为自卑，我们所以自律，不轻易放纵自己，珍惜自己的拥有，感谢生活的馈赠，从容不迫地把握着自己生活的节奏。

> 不仅自信能让人意气风发，那深藏于内心的自卑也可以转化为成长的动力，让人隐忍奋发。

看来，不仅自信能让人意气风发，那深藏于内心的自卑也可以转化为成长的动力，让人隐忍奋发。

面对有些自卑的孩子，要更多地给予鼓励和肯定，案例中老师的做法值得赞同。对于家长来说，孩子自卑的超越要注意下面几点：

1. 完全接纳孩子。不足是不足，孩子是孩子，不能用孩子身上的不足否定孩子本身，特别是不能泯灭孩子身上自我探索的激情。

2. 给予孩子鼓励和支持。孩子遇到挫折和失败，都不是否定孩子的理由，需要做的只是鼓励孩子继续努力和尝试。让孩子把自己的不足转化成自我成长的动力。

3. 同样是激励孩子，像案例中老师那样做，用肯定优点比批评缺点效果好得多。

4. 找一些超越自卑的案例跟孩子交流。比如马云，第一次参加高考只得1分，那个样子的咸鱼居然还能够大翻身，我们还有什么自卑不能超越？我们不是让孩子成为马云，但是道理都是相通的。

# 叛逆中的成长

方放，初三，一个有些放荡不羁的男孩。父母对方放要求非常严格，希望孩子走一条成长成才的光明大道，可是方放偏要走自己喜欢的旁门左道。闹得家里谁也不消停。

方放爱好街舞，但父母十分反对，认为跳舞是不正当的，会跟着社会青年学坏。方放认为父母不认可他，心情郁闷，于是更加放肆地去跳街舞。后来又尝试玩车，和朋友一起玩飙车游戏。这不是学坏不学坏的事了，而是太有危险。父母当然更加反对，矛盾愈演愈烈。方放与父母争吵甚至离家出走。严重的时候半年不叫一声爸爸。

后来，方放和班上一名女生谈起了恋爱，结果谈不拢，又分手了。方放为了那位女生特别努力，成绩飙升，但一分手又天崩地裂。他开始成天上课睡觉，说没有存在的意义了，唯一的精神寄托没有了。他说打算给女孩买了生日礼物后了结自己。面对这样父母无法管教的孩子，老师一直不离不弃。有一天，他突然逃课，他跟老师说想把情绪整理一下，因为他太痛苦了。老师给他父母打电话，让他们理解孩子。父母尝试着跟这个近于疯狂叛逆的浑小子沟通。

过一阵子方放有点醒悟了："经过这件事，我发现自己才能给自己希望，让自己活下去的动力是我自己！"

这里讨论一个孩子叛逆期的问题。

孩子在成长的过程中有三个叛逆期，第一个是在2—3岁的宝宝叛逆期，第二个是7—9岁的儿童叛逆期，第三个是在12—18岁的青春叛逆期。孩子出现叛逆实质上是其独立意识和自我意识不断增强的表现。

首先，对叛逆要有一个正面的理解。既然叛逆的基本含义是寻求独立，那么先不要把叛逆理解成问题，而是理解成一个正常成长中的表现。可以说，孩子的叛逆是值得祝贺的，因为孩子真的长大了。

为什么孩子的独立要表现为叛逆？多数父母希望看到听话的孩子，乖乖的孩子，觉得这样才是懂事。可是独立就意味着自己思考、自主行动。孩子的自我开始觉醒了，觉醒的自我需要听到自己的声音，按照自己的意志去行动，他渴望独自去探索这个世界。从行为上看，如果孩子仍然在按照家长的指令做事情，那他还没有表现出自我。不再听家长的话，恰恰是独立的开始。于是孩子看上去“叛逆”了。

青春期孩子渴望独立，希望别人把他们当成大人，平等相待，尊重他们的想法。这是与童年期的孩子最大的不同。

家长们要为将要来到青春期的孩子做好准备，本文的案例中父母正是疏忽了这一点。父母对方放的要求小时候就很严格，方放在父母的期望和限定中长大。方放在父母的约束中成长，就像束缚在一个茧壳中。到了青春期，真正的自我觉醒了。这时候孩子需要更大的能量冲破家庭的束缚，于是我们看到了孩子更激烈的挣扎，父母看到了孩子更强的叛逆。

还有另一种情况，就是留守儿童家庭。孩子小时候跟着祖辈人生活，等长大一些了再到深圳来跟父母一起生活。父母缺失了孩子小时候的共同生活，等到孩子大了之后来到一起，发现孩子已经发生了很大变化。有些父母并不认为这算多大的事。自己的孩子就是一家人，来到一起就一起生活就是了。殊不知长大的孩子生活习惯和观念已经有所不同，跟父母之间需要重新建立生活关系。到了青春期，本来就与孩子疏离的父母无所适从了，怎么也看不懂孩子的叛逆行为。

其实，青春期的孩子有他们自己的心理世界。

他们会认为生活中往往发生着许多稀奇古怪的东西，他们愿意去探索新奇。他们尤其对一些非主流的东西好奇。学习非主流所拥有的，装扮非主流所装扮的，非主流才让他们想去追新求异。在学校里，他们老是想着与别人攀比，不想让别人比自己强，而自己也不想比别人弱。他们幻想是梦想国度的国王，在那里，自己是主角。他们不喜欢喧嚣，却也受不了平静，莫名其妙地烦恼。他们很想谈一场恋爱，找到属于自己的浪漫。他们特别受不了别人的不信任，不是一般的反感！很多时候，他们并不认为自己是叛逆，只是因为讨厌那些莫名的怀疑；他们并不是贪玩，只是想要自己的一点空间；他们并不是真的很想伤害别人的心，只是因为自己一时生气。很多事情，大人不了解……正因为这样，他们会在父母不让做一些事情的时候，偏偏去做！然后自己躲在自己房里，一个人心痛。

首先家长要看到长大的孩子，要以平等的态度对待孩子，不再把不听话看作是问题。

作为家长应该怎么做?

首先，家长要看到长大的孩子，要以平等的态度对待孩子，不再把不听话看作是问题。抱以平等的态度，就是把孩子看作是一个有独立想法的人。

其次，既然是平等的态度，那么当孩子的意见与家长不一致时，就不能非要孩子听家长的意见。要肯定孩子意见中合理的成分，讨论双方的差异，尊重孩子的想法。

第三，这条很重要。家长真的认为孩子的想法不妥，而孩子就是要坚持己见。这时，家长要视情况来做。可以指出孩子的不当之处，如果孩子坚持己见不会造成太大的损失，可以向孩子说明：如果你坚持自己的看法，那么你要对自己的选择负责。这样做的目的在于唤醒孩子的独立性，唤醒孩子成长的内在动力：既然你这么坚持，那么我给你你想要的自主权，你自己权衡利害得失。当然，这样做需要一点放手的魄力。父母敢于放手是基于对孩子的信任，是基于过去的生活给予孩子的希望品质和意志品质。看看，小时候给孩子铺垫的人格底色，在走向独立的关键时期将会发生多大作用。

第四，把握好亲子关系的界线。有些家长会认为，孩子既然大了，讨厌家长管了，那么就由孩子去吧，家长可以不管了。不是这么简单。对于青春期的孩子，他们的心态是矛盾的。你管了，他会烦：不要你管我！你不管，他会恼：干嘛不管我？其实，是管的方式不同了。家长不能再像小时候那样与孩子亲密无间，孩子如果没有自己的空间会很烦。但是家长仍然需要关注孩子，要与孩子有更多成长话题的交流。可以谈谈学校的话题，谈谈社会的话题，也谈谈家庭的话题。通过日渐深入话题的交流，让孩子学会怎么处理人际关系，怎么看待社会现象，怎么处理家庭事务。在这样的过程中让孩子更好地获得自我的成长。

# 追星族到底追什么？

小英今年初二，是一个文静的女孩。小英的学习成绩一直不错，中上游的水平。她除了喜欢听流行歌曲，就没什么别的兴趣爱好了，连做作业都戴着耳机听。

最近发现孩子有些情况，似乎迷恋上某位男歌星，就是周杰伦。小英收藏了大量周杰伦的照片、视频。这让妈妈很担心。有一次小英说学校需要买课外辅导书，妈妈就给了她钱。后来班主任找家长谈话才知道，原来女儿逃学了，去听周杰伦的演唱会。说是买辅导资料的钱，其实是买了歌星演唱会的门票。

而孩子则说，我也不知道为什么喜欢他，也许是因为大家都喜欢他，迷恋他，从众了。每天的学习生活真的很枯燥，有时特想摆脱一下这种生活。我也不想撒谎去骗家里，但是父母不能理解我。我每天和同学们一起讨论偶像的事情，感到很快乐。为什么别人父母都能支持自己的孩子，为什么我的父母不能？我很苦恼。

对于青少年来说，追星是一种具有特殊意义的行为。长大的孩子不再沉溺于对父母的依恋，开始朝向社会发展自己了，或者说，他们开始寻求自我了。

自我有两个概念，一个叫作现实自我，即自己在现实中看自己的样子。一个叫作理想自我，即自己期望未来自己的样子。这两个样子，自己要把它们整合起来，不要让它们在内心有冲突。

青少年对理想自我的样子并不是非常清楚。因此，寻找理想自我、寻找自我认同的孩子需要榜样。这时从父母身上学习已经不够了，他们开始独立思考和生活，他们渴望去实现一个自己想象中的自我。寻求自我的过程不是面壁反思，也不是书中搜寻，其主要途径，就是在社会上寻求自己喜欢的参照人物。

在当今信息社会中，首先进入青少年眼帘的是那些众所周知的影视、歌舞、体育明星。他们很容易成为青少年心目中的偶像，成为青少年建构梦想的参照人物。所以说，正值青春期的中学生，会有较强的偶像崇拜意识。这种现象已经在很大程度上影响到他们的学习生活和心理发展。大多数学生的追星从小学高年级开始，初中比较明显，到高中阶段逐渐减弱。

他们模仿明星的服饰、爱好、习惯，有时想象自己也像一个被人喜欢的人，借此获得满足感。追星还有一种从众心理。因为很多人都喜欢某个明星，所以我也喜欢这个明星，从而达成与大家的彼此认同。这也是一种团体归属感的满足。

对于追星现象首先要做正面理解。一般来说，偶像崇拜并不会妨碍青少年的成长，反而让孩子在榜样作用下选择积极的生活。偶像的成功能激发学生自我成长的动力，努力获得偶像的成功特质，弥补自己的不足。偶像崇拜在一定程度上有助于维持青少年情感的相对稳定。尤其在受挫时，青少年往往从偶像人物身上获得精神慰藉和支持。

偶像崇拜在一定程度上有助于维持青少年情感的相对稳定。尤其在受挫时，青少年往往从偶像人物身上获得精神慰藉和支持。

但是我们也需注意到，青少年过分迷恋远离现实的偶像产生的负面影响。盲目追随、仰慕、认同和效仿偶像，从而迷失了现实中的自我。沉醉于“追星”不仅花费很多金钱，且占据大部分自己的精力，严重时会影响自己正常的学习和生活。因此家长更关心的是，追星现象的负面问题如何解决？

首先，家长以尊重、信任的态度与孩子进行心灵交流。本文案例中的小英以撒谎的方式从家里拿钱并逃学去参加演唱会，就是因为小英认为父母不理解自己的做法。家长与孩子要有一个无隔阂的交流方式。家长不要再像孩子小时候那样事事看着孩子，要给孩子自主的空间。家长能够信任地放手，才会有顺畅的沟通交流。

家长可以与孩子一起讨论偶像，淡化孩子对偶像的神秘感。对孩子流露出的盲目性偶像崇拜，家长要把握心理导向，同时又要尽量避免强制性的家长态度。

丰富孩子的课余活动，如参加文体活动和孩子感兴趣的特长活动。多汲取外界各方面的营养，通过比较接触的各种人和事，学会分辨真正有价值的东西。家长还可以利用节假日向孩子推荐有益图书，启迪自我，引导青春期偶像心理的正确形成。

追星是每个花季少年都可能经历的阶段。父母对此不必过于紧张。其实父母小时候，也曾有过沉迷于武侠故事、言情小说的任性经历。只要父母多理解青春期孩子的特殊性，站在孩子的角度看问题，做好引导，大多数孩子都能平稳度过“追星热”。在处理时要把握好度。若孩子只是单纯喜欢某个明星，并未影响学习、生活，那就没必要完全否定。孩子把明星照片挂满墙，对明星的生活细节津津乐道，也不碍什么事。

# 跨过初二的坎

灿灿，男生，初二。自己学习成绩一直不好，感觉学习压力很大。灿灿5岁以前由爷爷奶奶抚养，由于与爷爷奶奶交流很少，灿灿不大喜欢与人说话。灿灿从小体弱多病，父母很是关照，上小学时许多作业也是母亲帮助完成。虽然学习也能跟得上，但是学习成绩差一些。妈妈感觉灿灿学习还是摸不到门道。

进入初中后，灿灿由于成绩的原因也出现人际交往的困难，感觉比较孤独。灿灿喜欢玩游戏，而且喜欢玩一些暴力游戏，觉得可以从暴力游戏中宣泄不满情绪。灿灿还喜欢看动画片，希望能做动画片中的英雄人物。他认为通过玩游戏和看动画片可以得到别人的尊重和认可。

灿灿进入初二以后，学习压力加大，跟同学关系也骤然紧张起来，经常会有一些比较粗暴的行为和发脾气的情况。灿灿开始出现厌学情绪，而且不肯上学了，现在基本待在家里。妈妈简直愁死了，灿灿真的过不去初二的坎了?

很多家长都知道初二两极分化的说法，到初二时段，孩子的学习很容易下滑。但是，这是什么道理呢?孩子越大越懂事，学习越学越会学，怎么到了初二就容易出问题呢?如果真是这样，家长该怎么办?

我们首先还是要谈到青春期。如果在初二之前家长感受还不深切，那么，孩子到了初二，那种走进青春期的困惑和成长中的缺失终将在脆弱者身上发难。

进入初二年级，孩子都是十三四岁，男生女生都进入了“身体发育的第二加速期”。他们关注自己身体的变化，并对与性有关的话题感兴趣。男生女生们开始注意与异性的关系，喜欢在异性面前表现自己。有的人甚至还会自作多情，想入非非。孩子们精力充沛，幻想丰富，同时也容易心猿意马，精力分散，学习难以专注。这一阶段还有一个说法，叫作“心理断乳期”。孩子们努力挣脱父母的束缚，眼界向外，对更多新奇的东西感兴趣，喜欢“从众”和“赶时髦”，也喜欢自作主张。因此容易受外界一些“有趣”的东西诱惑而迷失自己。

我们还要看到初二年级的孩子在思维方式上的一个显著的变化。

小学阶段的知识学习是以形象思维为主的，看得见，摸得着，听得懂。只要学习跟着走，一般不会出现大的问题。初一是小学阶段学习的衔接，小学阶段存在的学习问题开始显现出来。初二的教学内容和以前相比有一个显著的变化，就是思维方式开始以抽象思维为主了，要通过思维的概括、推理去理解科学概念了，每节课的知识容量也比小学增加很多。在学习过程中，孩子需要持续地付出努力。这意味着，如果孩子的学习没有形成良好的学习习惯，没有完成从形象思维到抽象思维的转变，到初二年级将产生学习适应的困难。

初二的坎不是到了初二就会遇到，也不是到了初二才遇到的。如果到了初二真的遇到了坎，那他一定是过去遇到一系列学习问题累积的结果。我们谈过小学的一个话题：不容忽视的四年级。那是孩子小学阶段学习成长的一个转折期。如果那个阶段孩子的学习能力提升和学习习惯形成两大任务基本完成，后面的发展会比较顺利。

学习是一个持续的过程，过去学习的全部积累成为现在学习的基础。初二的知识难度增加了，同时要求学生积累的

学习是一个持续的过程，过去学习的全部积累成为现在学习的基础。

学习能力也要同步提高。问题正是在这里，初二的坎会在那些脆弱者身上设置障碍。所谓脆弱者主要是指那些学习能力发展没有跟上、学习习惯没有很好形成的孩子。

家长应该怎么办？人无整体虑，才有初二忧。我们要说的是在孩子整个成长过程中怎么办。家长要注意孩子的以下几点：

1. 细心关注孩子青春期的变化，保持良好的亲子关系，给予心理支持和成长引导。

在孩子走向青春期的过程中，家庭中亲子关系的影响作用最终显露出来。那些冷漠型亲子关系的孩子可能与家长形成心理隔阂。冷漠的孩子将无视家长的存在而自行其是，家长将无法应对孩子影响学习的叛逆行为。那些溺爱型亲子关系的孩子可能与家长形成心理纠缠。经历心理“断乳”的孩子要花费更大的精力挣扎着离开父母，使得孩子在应对学习路上的坡坡坎坎时底气不足。那些控制型亲子关系的孩子可能与家长形成更强的心理反抗。孩子在寻找自我的路上因受到压抑而变得彷徨不定，内心更加困惑和充满冲突。

良好的亲子关系以良好的婚姻关系为前提。在初中阶段，家长要努力保持家庭的和谐和稳定，尽量不改变生活状态。如：不发生父母离异、父母不长期远离孩子等。对于那些有留守儿童的家庭要特别注意这一点。家长要尽早地让孩子回到自己的家庭，至少是在孩子青春期之前这样做。如果家庭不得不改变生活状态，一定要考虑孩子的心理适应能力，要与孩子充分沟通。从另一个角度考虑，长大的孩子也要分担家庭的重要事务。如果孩子不得不在一定时期留守老家，与父母分离，家长要处理好与孩子的心理分隔。留守的孩子早当家，这是问题的另一面。

在孩子走向青春期的过程中，家庭中亲子关系的影响作用最终显露出来。

比学习成绩更需要关注的是孩子的学习习惯和思维方式。

2. 关注孩子能力的提升，而不仅仅是学习成绩。

要看成绩是如何得来的。是靠死记硬背，还是明白了道理？是独立思考，还是依样模仿？主要是形象思维的发挥，还是抽象思维的发挥？比学习成绩更需要关注的是孩子的学习习惯和思维方式。

本文中的案例是妈妈在帮助小学阶段的灿灿完成作业，忽略了学习能力的提升。而思维能力的不足终会造成学习适应的硬伤。

3. 关注学习习惯的养成，而不仅仅是学习能力。

有一部分学生较聪明，在小学学得很轻松，所以不需要特别努力就可以取得好成绩。这些学生看上去学习能力很强，常常得到家长和老师的赞扬。他们因此以为，不必认真努力也可以学得好。家长如果看不到学习习惯的重要，就会放松管教，放任孩子的各种行为。

学习能力强，不一定学习习惯好，特别是在小学阶段。而一旦养成了做事马虎、不求甚解、怕吃苦等不良习惯，等到初中阶段需要付出意志力去坚持不懈地学习时，就会遇到适应上的问题。

如果一定要问：初二的孩子已经遇到坎了怎么办？过不去初二坎的孩子，心理上出现了硬伤。家长要按照孩子的现实情况做出调整。

就像本文案例中的情况，灿灿不肯上学了，怎么办？我们看到，灿灿不肯上学，除了学习跟不上的问题，还有人际关系的问题。这实质上是一个社会性成长适应的问题。人是不能脱离社会的。所以，妈妈要想办法让灿灿回归集体学习环境。不能回到这所学校，也要转到另一所学校。实在不肯上学，也要以上辅导班的方式继续学习。如果不能继续基础知识的学习，也要进行职业技能的学习。也就是说，孩子不能待在家里，要与社会保持链接，这个阶段的孩子必须继续学习。

学习本是人的天性。厌学孩子的问题只是没有按照他喜欢的方式学习，没有学习到他喜欢的东西。所以，家长真的遇上这样不适应学校学习的孩子，一方面要按照前面的分析进行反思，查找原因；一方面要尊重孩子的个性表达，按照孩子的情况设法调整。孩子总是要学习着长大，要面对自己成长的问题，只要家长给予充分的心理支持与引导，初二的坎是跨得过的。

## 划伤自己为哪般?

阿杰，13岁，初二，单薄而清瘦。父亲说孩子性格比较内向，和同学关系不怎么好。有两次考试下来排名倒数，他居然发怒用剪刀划破左手手腕。父母发现孩子割手腕，吓得不轻，有点不知所措了。

母亲对孩子一直管教很严，事无巨细都要干涉，孩子经常跟妈妈顶撞。父亲之前不太赞同母亲过激的教育方法，会出面制止，但近期孩子学习成绩下降，性急之下也会打骂孩子。

母亲在原生家庭是老大，从小要带弟弟妹妹，是母亲在子女中树立的一个榜样。母亲对她的教育也是说一不二，原则性很强。现在自己在孩子的教育上，对孩子的控制欲很强，希望孩子能按照自己的意愿和要求行事，一不听话就控制不了情绪要去骂他、打他。

阿杰从小一直由外公外婆带大，外公外婆跟着父亲母亲一起生活。阿杰性格固执倔强，在家自私、霸道，经常自恃外公、外婆庇护而不听妈妈管教。母亲为此很恼火，特别是当外公、外婆出来为孩子辩护时，母亲不愿顶撞自己的父母，就会把气转移到孩子身上。孩子进入青春期后逆反心理增强，母子的冲突越来越频繁和严重。母亲也意识到这种方式对孩子的教育已经没有效果，但控制不了自己。

有些家长很不理解，孩子遇到问题了为什么要自残自虐呢？自残自虐是怎么回事？

自残自虐行为一般指无自杀意图的，为逃避冲突的痛苦而对自己身体进行伤害的行为。有15%的青少年在遇到情绪危机时会割伤自己，或用别的方式伤害自己。自残自虐一般有下面几个原因：

发展需要受到抑制。发展是人的基本需要之一，青少年期间的发展需要尤其强烈，如果受到抑制，人会感到压力和痛苦，呈现出焦虑和烦躁。迟迟不能满足的发展需要可能会导致异化，造成各种不良行为表现。案例中的阿杰就是在学习方面的发展受到了抑制。自残自虐是一种转移压力的不良发泄方式，通过增加自身肉体的痛苦来减轻精神的痛苦，阻止糟糕情绪的感受。

长期不被关注、信任和尊重而心理压抑。孩子内心有着过多的负能量，于是利用自虐来发泄。有些孩子在父母负面评价中不停地受挫，体验着挫败感和卑贱感，感到无助无能，而且在情感上被忽视，时间长了就会失控和绝望，产生心理危机。于是他们就可能通过自虐行为来表达自己的存在和尊严，也意在引起亲人的注意或控制亲人。案例中的阿杰如果只是学习成绩上不去，也不会导致自残，阿杰的妈妈是一个有强烈控制欲的人，使得阿杰心里倍受压抑。

有过童年创伤性的遭遇。这些遭遇如父母离异，家庭暴力，在学校常受侮辱、嘲弄等，这样的孩子自卑心理严重，自我价值感低，总觉得自己不如人。当遇到困难障碍时，他们就不自觉地采用自残自虐的消极方式来宣泄压力。

青春期的特别时期。初中时期的孩子正处于“心理断乳期”。他们一方面认为自己长大了，希望尝试自己独立面对社会；另一方面处事中又显出幼稚和无助，会更多地面对打击和挫败。由于自我的不成熟，他们就会出现焦躁的心态，特别有一些自残者往往具有容易生气、冲动、焦虑、好斗的性格，出现自我伤害行为。案例中的阿杰正处于青春期的自我困惑阶段，本来就有些性格倔强，再加跟妈妈的冲突，导致了自残问题的发生。

尊重信任孩子，关注孩子内心的成长，增强孩子的自我价值感。

在孩子成长的过程中遇到挫折困难压力时，家长要做孩子经验成熟的支持者，跟孩子一起讨论应对方法。

家长在平时的生活中，也要加强修炼自己的心理品质。

明白了自残自虐产生的原因，智慧的家长自然懂得怎么对待孩子了。我们约法三章：

1. 尊重信任孩子，关注孩子内心的成长，增强孩子的自我价值感。自残者的自我价值感太低，他们常常认为自己是坏的、有缺陷的，因此在遇到挫折时他们用自残的方式来惩罚自己。

2. 在孩子成长的过程中遇到挫折困难压力时，家长要做孩子经验成熟的支持者，跟孩子一起讨论应对方法。让孩子有这样的信念：方法总比困难多。自残者没有学会更健康有效的应对策略，才会借用自残这种笨拙糟糕的方式来排解痛苦。

3. 家长在平时的生活中，也要加强修炼自己的心理品质。不要说自己禀性难移，人的一生都在成长，学会让自己心胸宽阔、待人宽容、处事理智。在孩子面前，父母要学会控制自己不良的情绪，合理地宣泄，不要把工作上的不如意带回家里，更不能把孩子当作出气筒。家长应努力为孩子创造一个温馨的家庭氛围。

# 与同学和朋友相处

读初二的小林和同学相处非常不好，在班级里很少有朋友，大家的活动也难以参加进去。班主任评价说小林的自信心差，承受能力弱。家长对小林很担心。

母亲说："上学期几个同学欺负他，围着打他，他就闹腾着说要跳楼，把学校老师都惊动了，而且是3次。孩子们玩游戏，他总是远远地看着，在家也把自己埋在书里和下棋中，和同龄人交往少，而且被动。"母亲有些无奈："总是由我出面，带他和同龄人玩，也就勉强算是有几个朋友，还是女孩子，可他是男孩子啊。我知道他内心是很渴望和同伴们一起玩的，我感觉他缺乏游戏技巧。教他玩捉迷藏和练习跑步，可是这孩子跑步速度很慢，男孩子们的游戏，他们才不喜欢和他玩。当然，也因为他爱哭，爱生气。"

孩子小时候，父母一直在家，但是工作比较忙。母亲陪伴8个月，后交保姆照看，夜晚也由保姆陪睡。大多由保姆或者奶奶照顾，保姆也换过好几个。母亲说，孩子小时候，保姆老是说父母不要他了，要他听话，后来在幼儿园还无意中磕伤。后来孩子就缩手缩脚的，没有什么朋友。还有，母亲说自己脾气也不是很好，也有对孩子打骂的行为，最近3年辞职在家带他，但还是做不好。

孩子现在表现就是很没有自信、畏缩，对老师、家长的正常批评反应都很过激，老师也说过她几次，要对孩子宽松些，她也尽力在做了。孩子成绩还可以，就是情商不行。

小林擅长国际象棋，曾获全国"希望杯"少儿组国际象棋大赛第5名。你说他聪明吧，他的自然和音乐课成绩为D，不及格。母亲提到一件事。小林被欺负时不反抗，事后某个时机报复。报复时不看场合，一次当着老师的面出手，结果老师认为小林先打别人。小林也不为自己辩解，但心里记恨老师。小林母亲认为可能是小时候依恋情感缺失和安全感不足，造成现在人际交往困难。母亲认为自己比较强势，不希望孩子处于弱势。

孩子在学校的人际关系有多重要？看看本文的案例，人际交往的问题如果严重下去是要出人命的。

我们用同伴关系这个说法，谈谈孩子在学校的同辈人际关系。同伴关系主要表示的是同龄、近龄人间的亲密关系。同伴关系并不限定在同学之间，但孩子在学校读书时多发生在班级同学之间。

良好的同伴关系能使孩子在班级群体里形成安全感和归属感，有利于孩子的社会化。

同伴关系为什么重要？良好的同伴关系能使孩子在班级群体里形成安全感和归属感，有利于孩子的社会化。当孩子受到同伴的肯定时，他会感受到接纳和尊重，从而愿意参与群体的活动，并自觉遵守群体的规范。孩子需要通过他人的眼睛看自己，所以同伴关系的好坏与孩子的自我概念有联系。在少年期被群体孤立的体验将导致自卑感，受同伴欢迎的孩子其自我评价更积极。

孩子需要通过他人的眼睛看自己，所以同伴关系的好坏与孩子的自我概念有联系。

我们知道，孩子与人交往的方式与家庭中的依恋方式有关。小时候经历的人际关系，将影响到以后的成长阶段。在本文案例中，我们看到了这种家庭中早期关系的影响。但是，随着孩子长大，我们仅考虑家庭的影响已然不够。到了学校，孩子的成长加入了老师和同学的影响。正是外界人际关系的交流互动，才使得孩子获得了关于世界的广阔视野。

中学生的同伴关系有两个重要特点：

一是出现同伴间的异性交往。随着生理和心理的不断成熟，中学生逐渐对异性产生了好奇和交往欲望。异性交往是青少年身心发展到一定程度的必然表现。初中生与高中生的异性交往有些不同。初中阶段的异性吸引多是由于外表的吸引，高中阶段的异性交往多是由于性情相投。高中生异性之间的爱慕之情比初中生要深入一些。

二是作为参照群体的同伴交往。青少年是一个相当不确定的时期，他们对自己和社会都有一种不确定感。他们对成人既反抗又依赖，在成长的困惑中寻找和确定自我。正因为这样，同伴群体对于青少年具有了相互参照确认的作用，亦即是通过同伴的眼光来看自己是什么样的人。青少年对同伴文化的遵从明显增加，他们花更多的时间和同伴、朋友交往，与父母的接触逐渐减少。从这个意义上说，中学生的同伴选择显得尤其重要。实际上，中学生对朋友的要求越来越高，交友范围逐渐缩小。他们希望朋友和自己有共同的志趣和爱好，希望自己能从朋友那里得到精神上的交流。

如果孩子在学校明显表现出人际交往的问题，家长要反思自己了。为了促进孩子的同伴交往，家长应该怎么做?

第一，父母要有这个意识，对于孩子在同伴中如何交往给予明确的指导，并且为孩子与其他儿童接触提供机会，支持和维护着孩子与其他同伴形成人际关系。那些父母主动促进与同伴交往的孩子，倾向于结交更多的朋友。在本文案例中我们看到，母亲疏忽了幼年阶段对小林的指导，而保姆的抚养方式反而减弱了小林的自信心和安全感，使得孩子在学校的同伴交往中退缩不前。

第二，父母自身要在社交方面不断改善，因为父母人格特征、交往方式等也对孩子的同伴关系有影响。具有开放、热情人格特征的父母，其社会化策略往往比较成熟，而父母的社会化策略会影响到孩子在同伴关系中的地位。母亲的社会关系显著影响孩子在同伴中的社交地位。母亲的不同人格特征在一定程度上影响孩子的言谈举止。比较不喜欢与人交往的母亲抚养的孩子容易形成不善于与人交际的行为特征，社会化策略较低，从而形成孩子较低的同伴地位；而乐于与人交往的母亲抚养的孩子一般也喜欢与人交往，社会化策略较高，在同伴中可能有较高的地位。

第三，父母可以帮助孩子利用自身的优势来发展同伴关系。本文案例中的小林擅长国际象棋，父母要因此充分地肯定孩子，让孩子看到自身的强项，提高自信。而下棋也可以作为一种交往的媒介，以棋会友。父母对孩子表现出信任和欣赏的支持，孩子会更多地认同自己，这样有利于孩子发展出良好的人际关系。

# 如果跟老师发生了冲突

小罗，男，15岁，初三年级学生。一年前小罗与班主任发生矛盾，并有肢体冲突。后来发展到与同学关系不好，小组合作学习时被排斥，最后发展到不肯上学。

小罗是家里的独生子。父亲是自营业主，母亲操持家务。父亲经常忙于生意，家里主要由母亲照料小罗生活。父母为小罗的事情很伤脑筋，四处奔波求助。但小罗仍然不肯上学。

小罗对一年前与班主任冲突一事耿耿于怀，一直认为发生冲突是班主任的责任。自己只是上课与同学说话，就被班主任揪住不放。同学们也经常在背后议论。自己因此学习成绩直线下滑，最后导致不能上学。小罗认为自己非常失败，也很自卑，做什么都不如同学。而且，这都是受了与班主任发生冲突事件的影响。自己曾尝试上学，但是一踏入校门就别扭，看见老师同学就烦，吃不香睡不好，甚至感觉周围的邻居也不像以前那样喜欢自己了。但这样待在家里又不甘心，小罗内心很痛苦。

小罗与妈妈几乎形影不离，而且两人纠缠很深。小罗埋怨妈妈不能帮助自己，妈妈则唯唯诺诺，并不反驳小罗。妈妈认为孩子很可怜、很痛苦。

小罗希望打破在家休学的状态，但又不愿意回原来的学校，于是准备转学到一所新学校。但小罗仍有恐惧心理，担心再发生类似与原班主任的冲突。恐惧心理的具体表现是怕进教室看见新同学，同时认为自己课程拖欠较多，怕跟不上被老师看不起。

小罗的恐惧心理产生与原事件有关，也与自我评价过低有关。小罗说自己无用，自卑心理较重。这种心理何来？小罗说与父母不让自主决定有关。举个例子说，小罗因深圳的科学课程设置影响高考，要回老家读书，父母不准。

迫在眉睫的事情是解决第二天能否上学进教室的问题。小罗的心理阴影不能期望一次性解决，需要在新的行为方式基础上慢慢改变。第二天，小罗仍然没能去上学，去过学校，但在去教室的路上就跑开了。小罗对穿校服的学生有恐惧心理。心理咨询师采用行为脱敏疗法，安排小罗到附近的学校门口看穿校服的学生。看的时候逐渐缩小距离，如果可能，再打打招呼。小罗利用一周时间，每天都去学校门口看穿校服的学生，焦虑症状有所减轻。

小罗4岁前主要由外婆带着，到深圳后直接上幼儿园中班。小罗经常抱怨，说父母不该到深圳来，认为过得不好。小罗爸爸在小罗的成长中有所缺位，小罗妈妈形成了与小罗的亲密关系。

小罗妈妈反省说，小罗可能受到我家的影响，教育孩子对就对，错就错，发生事情先找自己的原因。结果现在小罗放不下，非要一个对错的结果。

小罗每周末都去参加学校社工的活动，且都是与学生打交道的活动。在活动中，小罗以一个助人者的身份出现，逐渐减轻了接触学生的焦虑症状。

终于，小罗踏进一所新学校的教室，开始了新的学习生活。

后来，小罗妈妈也开始发生变化，注重促使小罗自我的发展。

讨论学生与老师发生冲突的事情有些复杂。复杂的原因是在师生关系中，老师既是为师者，又是管理者。相对于闻道在先、阅历在先的教师而言，学生处于心理下位。如果老师直接介入问题处理，这类问题的解决会比较简单。但在实际案例中，我们常常需要解决孩子自身的问题。此处从家庭和学生的角度出发来讨论。

首先，要对师生关系有一个基本了解。中小学生的师生关系可以归纳为三种基本类型：具有亲密和谐意义的关系、具有冲突矛盾意义的关系、具有回避疏远意义的关系。不同阶段师生关系的特点有所不同。低年级小学生的师生关系亲密型比例较大。随着年级的升高，小学生师生关系的亲密性总体上呈现下降趋势。中学生亲密型的师生关系，总体上仍然呈现逐年下降趋势。冲突型学生中，初二和高二明显多于其他年级。中小学生师生关系的性别特点也很突出。女生与教师的关系明显好于男生，而男生表现出较高水平的独立倾向和叛逆特点，与教师的交往表现出更多的冲突性。师生关系对中小学生的学校适应、学业成绩、自我概念等方面均有重要影响。

我们看到，即便是在谈师生关系，也不能回避冲突的内容。应该这样理解，人际冲突是人际关系中的精彩部分，师生冲突也是如此。我们看到师生关系中的和谐成分，也要看到师生关系中的冲突成分。而且到了初中阶段，师生冲突的事更为常见。

我们结合本文案例来讨论师生冲突。

事情的起因是小罗与老师发生了冲突，但那是一年前的事情。问题是小罗现在仍然耿耿于怀，纠结不休。小罗说，那件事主要责任在老师，是因为那件事影响了自己的发展，老师要向我道歉。小罗虽然答应去另一所学校，但是担心到新学校老师仍然对自己不好。

我们首先尝试着让小罗改变认知。虽然道理上老师应该敬业爱生，但是实际上你不能认定所有的老师一定要喜欢你，更不能要求老师必须做应该如此的事情。我们不再去分析那件事究竟是怎么发生的，可以同意主要责任在老师的说法。然后呢？宁可放弃自己的成长，也要与老师辩出黑白？还有，说新老师也会对自己不好？有什么必然根据？

在对孩子单方辅导的情况下，改变认知是必要的途径。因为，即便是孩子占理，我们也不能要求对方一定要发生转变。认为对方“应该如此”是一个死结，要求对方“必须道歉”是一个误区。记得一个原则，你自己变了，你的世界也就变了。

你自己变了，你的世界也就变了。

这种改变认知的尝试并未使小罗马上发生改变。我们发现，从小罗的问题形成过程分析，小罗与老师的冲突是问题产生的一个诱因。小罗的问题要更多地从小罗的家庭和早年的成长经历整体考虑。

小罗童年期没有形成足够的安全感。以至于在后来的人际关系中缺乏基本的信任关系，发生人际冲突之后又在继续把这种模式泛化。小罗形成了非黑即白的僵化处事方式，心理缺乏弹性。

小罗的家庭形成了三角化的问题关系。正常的家庭关系应该是夫妻相亲相爱，父母一起爱孩子。可是我们看到在小罗的家庭里，父亲疏离于三人家庭的关系之外，而母亲与小罗形成亲密关系，使得小罗内心不愿意长大，凡事希望妈妈给办理妥当。

表面的问题是，小罗为什么缠在妈妈身边？潜在的问题是，小罗妈妈为什么希望维持与小罗的亲密关系？当孩子退缩不前时，妈妈应该成为一个推动孩子向外的力量，而不是无原则地将孩子揽在怀中。

从简单的、可以做到的行为开始改变，用新生活的经历继续填充成长的内心，而对过去经历的看法会慢慢改变。

对于创伤性的心理事件不是想方设法去消除它，如果已经形成创伤是不可能消除的。小罗一年前发生了不愉快的事件，现在要做的是带着它开始新生活。从简单的、可以做到的行为开始改变，用新生活的经历继续填充成长的内心，伴随着这个过程对过去经历的看法会慢慢改变。

当孩子与老师发生冲突时，家长应该给予重视。除了帮助孩子处理事情外，还要更多地从有利于孩子成长的角度考虑，学会接受不同的人和事，把冲突变成一种成长的契机。

# 青春期的体像烦恼

小花，初三女生。小花个头不高，长相不错，说话带着一点川腔。

小花说自己现在总是没办法学进去，爱幻想一些东西，一想下去，就没办法听进去老师讲什么，学习成绩也下降了。问她都想什么？也说不清楚想什么，小学4年级开始爱读一些言情小说，然后就会幻想自己是书中的某个人物，接下来就浮想联翩了。

小花从小生活在四川农村，由外婆、外公带大，那时父母在深圳打工。小时候在老家，跟她一起生活还有姨妈家的表妹，那些日子让小花感觉特别开心。她像个“孩子王”似的，带着一群小朋友玩，是村里老大，好像不知天高地厚了。6岁的时候被父母送到县城读书，寄住在父母的朋友家一年，小花感觉自己整个人都变了，很怕事，有一种寄人篱下的感觉。父母反复跟小花说这是为她好，县城有比乡下更好的教育。不到两年，父母就接小花到深圳来一起生活读书了。不知为什么，小花一直觉得不如以前在乡下开心。

小花在家里很少跟父母说话，尤其是不跟父亲讲话。小花说父亲总是爱用一种让人不能接受的语气阻止她说话。妈妈跟她能说一些，但妈妈文化不高，只是关心她吃好、穿好，照料生活，从不关注她内心想什么。

小花越来越在意自己的长相，个子矮、脸上长青春痘。她心里埋怨父母没有遗传给她漂亮的体貌，为此苦恼不已。

其实仔细看小花，还是蛮不错的，大眼、白肤，个子虽然不高，但是很匀称。可是小花说自己从来都不觉得自己好看。同学闪烁的眼神让她总是觉得自己丑得不行，丑到没朋友。

青春期的孩子开始关注自己了。他们开始更多地停留在镜子面前端详自己的容貌。身体自我是自我的重要组成部分，这是处于青春期的孩子寻找和确认自我的一种表现。与此同时，体像烦恼的问题也出现了。

青春期孩子的身高、体重和容貌都在变化。随着第二性征的发育成熟，自我意识的增强，他们更加注重自己在他人心目中的形象。有些人对自身的生理特点和弱点十分敏感，对自身的某些形态感到不满意，表现出体像烦恼问题。有体像烦恼的孩子有强烈改变自身某方面体像的愿望，同时还伴随着一些消极情绪。伴随体像烦恼的发生，对其社交、学习、生活方式等方面都会产生消极影响。

初中生的体像烦恼主要表现为形体烦恼和容貌烦恼，女生的体像烦恼比男生多。

体像烦恼与自我认同有关，作为父母要更接纳和欣赏孩子。

对于有体像烦恼的孩子，家长要做两件事。

一是体像烦恼与自我认同有关，作为父母要更接纳和欣赏孩子。有体像烦恼的孩子在意别人的评价，特别是父母作为重要他人的评价。父母欣赏自己的孩子，会极大地帮助孩子修正对自己体像的认知。案例中的小花因为从农村来到城市，心理落差较大，这时候父母应该接纳和支持孩子融入新环境，而案例中的父母没有做到这一点。

转移对体像烦恼的关注，让孩子发展自己，提升自我价值。

二是转移对体像烦恼的关注，让孩子发展自己，提升自我价值。孩子有了体像烦恼，说明孩子开始关注自我。这时候，家长要引导孩子整体性地评估自己，让孩子通过比较看到自己与别人观点的异同，获得更多的社会比较信息，形成对自身较为全面的认识与评价，接纳自己不能改变的部分，提升自己的能力与素质。

做到这两件事孩子会发生什么变化？讲一个四指钢琴家李喜芽的故事。

李喜芽出生在韩国首尔。李喜芽的母亲禹甲善是一名护士，在怀孕期间便知道腹中的胎儿是畸形，医生和周围人都劝她放弃这个孩子，但禹甲善还是坚持将喜芽生了下来。她告诉身边人，上天能赋予生命，必然会眷顾她并给她赐福。母亲发现女儿对数字的认知有些缺陷，但是对音乐很敏感，听过的曲子很快就能记住，于是，决定教喜芽学钢琴。喜芽的每只手成V字形，只有两个手指，其练琴难度可想而知。喜芽在妈妈的陪伴下苦练数年，成了著名的“四指钢琴家”。

我们的问题是，喜芽天生残疾，却丝毫没有体像烦恼，更没有自卑自贱，她的自信乐观从何而来？

喜芽有一位伟大的母亲。记得我们说过的一句话：母亲在亲子关系中如同一面镜子，孩子在这面镜子中渐渐形成对自我的认识。

喜芽妈妈无条件地爱着喜芽。跟喜芽在一起，妈妈每次都会说“爱你，我的喜芽”，然后温情地拥抱喜芽。喜芽说：“妈妈使我意志坚强地成长，如果不是这样，就没有四个手指的钢琴家喜芽。我给别人演奏仿佛会使所有人感到幸福。我感到幸福，妈妈也幸福。所以我喜欢自己，喜欢现在。”妈妈发自内心地爱喜芽，所以喜芽爱自己，爱生活。

仅仅无条件的爱是不够的，喜芽需要发展出有价值的自己。她在妈妈的支持下，把全部身心投入到音乐中。喜芽说：“我曾经多么想放弃，但音乐给予我慰藉、尊严和勇气。我经历了很多困难，挣扎着克服我身体的残障。直到现在，我每天都还在挣扎，但能够用上天赋予我的音乐才华来跟大家分享生活的酸甜苦辣，我的内心觉得无比的快乐和满足。”音乐是喜芽的“化妆品”，有了它，她觉得自己是个美女。

爱孩子的母亲能够创造孩子成长的奇迹。

# 网游，网瘾

读初二的阿辉让妈妈一筹莫展，问题就是阿辉如妖魔缠身一般陷入了网游。

阿辉上周有两天没上学，原因很简单，夜里忙着打怪，早晨怎么叫都不起床。学校老师已经无力救援了，软软地捎个话来：作业不交就不交吧，来学校上学可以吗？其实，阿辉的学习还可以。英语成绩在班里可以排到前十，其他学科差一些。阿辉爱好足球，是学校足球队的，经常参加区里比赛。

近来一段时间，阿辉着迷一款游戏，用手机玩，有真人对手，可2—3人一伙，对方也是2—3人。现在是每天玩1—2小时，周末时间要玩4—5小时。每天晚上玩完后大约到8点多再做作业。这时候哪里还能做作业？阿辉满脑袋都是网游的画面，学习频道迟迟调不过来，经常是做不完作业。

孩子这么痴迷网游，家长当然要管。妈妈早就顶不住了，频频向爸爸告急。爸爸在广州上班，每周末回来深圳。爸爸回来一次，就是对阿辉一顿拳脚，曾打得阿辉鼻子出血，屁股瘀青。结果呢，阿辉反而以此为由，调理疗伤，不上学了。

阿辉幼年阶段由爷爷奶奶抚养，到小学二年级回到父母身边。那时妈妈总觉得孩子一脸漠然的样子，似乎对什么都不在意，学习还能跟得上。跟妈妈关系还行，跟爸爸就有些生份。

万般无奈之下，妈妈想到要找心理咨询师咨询了。

让孩子来咨询并不容易。出门之前阿辉正在玩网游，妈妈狠下心来，拔了WIFI的电源。阿辉一下子犟脾气上来了，不给玩就不来咨询。妈妈软硬兼施，阿辉提出一个两者兼顾的方案：那边有WIFI吗？有WIFI才去。

有啊，来吧。

妈妈终于拉着想继续玩网游的阿辉来咨询了。这样执迷不悟的孩子，心理咨询师又能有什么办法呢？

心理咨询师把目光瞄准了阿辉的生活，看看阿辉的生活哪里出了问题。

心理咨询师让阿辉把一天的重要事情排个序，阿辉是这样排的：上学、踢足球、玩网游、做作业。看看，网游是比做作业更重要的事。心理咨询师试图通过生活中的问题突破，问网游的感受，说感觉有趣；问足球的感受，说感觉好玩；问学习的感受，说感觉无聊。

阿辉提到，现在只有历史老师对他好，跟英语老师3个月不说话了。发现问题了，原来是跟英语老师因为作业的事发生了冲突，就此心生怨恨。先是不好好上课了，然后就不好好做作业了，再下来就是波及其他学科。家长面对孩子的问题是怎么做的呢？妈妈说要听老师的话，爸爸懒得管阿辉的事。孩子应付不了这个问题，于是逃避，于是玩网游，成了现在的样子。现在孩子希望怎么办呢？阿辉说如果换一个班就行。如果换一个班，每天的事情怎么排序呢？上学、踢足球、做作业、玩网游。

孩子玩网游成瘾，这已经成了无数父母最头疼的心病了。有很多家长急切地采用堵的办法，收手机、断网络，结果不仅问题没解决，还跟孩子闹得很僵。

网瘾产生原因的追溯并不是网络本身，而是当事人自己的现实生活。在现实生活遇到了问题，没有很好地解决，而网游又如此诱人，有些孩子就逃避现实，遁入幻界了。

网瘾产生原因的追溯并不是网络本身，而是当事人自己的现实生活。

现实生活中的什么问题会让孩子无力面对呢？这些问题仍然是人的关系问题，最重要的是家庭氛围、亲子关系，然后是学校中的师生关系和同学关系。有下面几个方面：

亲子关系脱离。80%的网瘾孩子早年有亲子关系脱离的经历，这种经历造成孩子安全感不足。尤其是父亲严重缺位，特别容易造成孩子安全感不足。婴幼儿时期长期寄养在祖父母家里的孩子，也会造成安全感不足。

父母关系糟糕。由于各类家庭矛盾，比如父母离婚或者长期冲突的情况，孩子被充满矛盾的家庭氛围搅得痛苦不堪，无力相助又无力逃避，容易沉浸到网络中缓解焦虑。

亲子关系不良。父母对孩子过度管制且缺乏关爱，会让孩子感到不自由，而玩网游能够体验到掌控感和控制感。精神需求得不到满足的孩子容易依赖网络。

孩子成长挫折。孩子学习动力受挫，在成长上得不到肯定和获得成就感，或与老师形成冲突矛盾，转而到网络上寻找肯定和成就感，包括攻击性的满足。这种缺乏成就感的孩子，其父母也多是批评型的教养方式。

本文的案例，我们厘清的问题是，阿辉网络成瘾，既有与老师的关系问题，也有与父母的关系问题。家长要做的是当阿辉遇到与老师发生矛盾时，要及时出面协调，给予阿辉心理支持，重新建立与老师的信任关系，而不是盯着如何堵住网瘾。

我们再看看网游本身。网游有两个特点：一是能够为当事人带来当下的愉悦；二是可以为当事人缓解生活中的焦虑。这是两个极具诱惑性的特点。当事人因焦虑、因压力来到这里并马上获得愉悦，且焦虑和压力源并没有改变，那么当事人怎么能够轻易放弃网游？

心理学有这样一个叫作吃棉花糖的实验。给4岁大的小朋友棉花糖吃，有两个选择：一是可以马上吃掉眼前的棉花糖；二是如果等15分钟，就可以吃到两颗棉花糖。15年后发现，小时候选择等15分钟吃两颗糖的孩子，成就明显高于那些马上吃一颗糖的孩子。这个实验的关键词叫作延迟满足。人的本性是即刻满足，当下快乐，所以世上高成就的人永远是少数。学习、考试、上大学、找工作，最后获得成就感的满足，这个延迟时间太长了。而且，如果在过程中很少得到正向反馈，人会怀疑自己是否走在对的路上，或许应该及早放弃。

我们让孩子在学习上获得满足，并不是一件简单的事。

网游是顺应人的本性设计的产品。首先是这一点，它让你即刻得到快乐的满足。在这里，满足不须延迟，你尽管投身进来体验令人着迷的当下快感。你想要的掌控欲、成就欲、归属感，这里都有。玩家的游戏设计有一个“流氓”标准，让人沉迷的游戏才是好游戏。

在我们回归现实生活努力拉回网瘾孩子的同时，也要看到这一点，专业玩家设计的游戏具有摧毁意志力的毒性。

作为家长，怎么办？

1. 当孩子沉迷网游时，家长首先要考察孩子的生活。反思自己的亲子关系，如果出现一些让孩子感受的冷漠或疏离，家长要主动进行改变和调整；再检查一下孩子在学校的人际关系，如果出现一些严重的矛盾冲突，家长要及时出面帮助协调解决。

2. 对网游持一种中性的态度，而不是如临仇敌。这种态度在于让孩子感受到家长不是与自己对立，而是一种理解和接纳。在理解和接纳的同时，跟孩子一起建立一些必要的规则，比如玩游戏的时间要控制，其他的事情不能误。

3. 让孩子学会自我管理，但家长要保留监督权。在孩子能够接受的情况下，跟孩子谈谈。可以是：你玩游戏可以，但是你要定一个规则，然后自己执行。

4. 最后一条，请家长一定要知道网游的毒性所在，要在发现孩子出现成瘾苗头时就采取行动。查明原因，提醒限制，情感接纳，疏导困惑。要知道，任其发展下去，将付出更大的回归代价。

## 面对情绪暴躁的少年

小吉已有两天没上学。起因是爸爸收了小吉的手机，小吉说给了手机才上学。爸爸气得怒火攻心："我还管不了你了！养你还不如养一条狗！"

小吉寸舌不让："你就是疯狗！"

这还了得！父子两人真就动起手来了。小吉没轻没重，一口咬伤了爸爸的手臂。

这下子爸爸真要疯了："我造孽呀！我跳楼算了。"

这件事情的起因是小吉日前上课用手机玩游戏，被老师发现。老师与小吉起了冲突，打了小吉一巴掌。老师也觉得不好，然后告诉小吉爸爸。小吉爸爸很理解，在小吉回家后跟他沟通，说老师实在忍无可忍时才打你。

小吉上网成瘾已有半年，小吉爸爸说此事怪自己。爸爸对小吉比较宽松，曾让小吉带手机上学，后来就网游成瘾了。

小吉小时候成长过程比较随意，要什么基本上都满足。小学阶段顺利。

小吉爸爸上班时间几乎天天在外面喝酒，每天醉醺醺回家。孩子对父亲的印象就是喝酒成瘾，并对父亲很是不满。小吉曾对妈妈说，为什么要跟他过？

我们要再谈谈情绪，这次是到了青春期。青春期的情绪有其特殊的意义。一个少年没有处理好青春期的情绪，可能把暴躁的情绪带到成年。我们不是屡屡谈到情绪暴躁的家长吗？

青春期的情绪特殊在哪里?

青春期的情绪通常会比童年时期有更高的强度。童年时期的情绪表达更多的是无厘头的哭闹，让家长心烦不安。青春期的情绪带有压抑性的孤寂和暴发性的冲动，是一种强烈波动式的表现，让家长无所适从。

青春期的情绪会比童年时期有更多的社会性内容。少年时期的社会性情感迅速发展。一般来说，青春期孩子的负面情绪都与社会性需求有关。他们因成长失意产生挫败情绪；因人际冲突产生愤怒情绪；因学习压力产生焦虑情绪；因思考生老病死产生困惑情绪；因花落花开产生伤感情绪，等等。

对待青春期孩子的暴躁情绪需要父母有更成熟的技巧。青春期孩子的暴躁情绪包含了更多的自我冲突，需要在青葱岁月中自我整合。这时候父母既不能撒手不管，又不能包办代替。父母如果以暴制暴，只能引发愈加激烈的冲突。

应对青春期孩子的暴躁情绪请注意以下几个方面:

1. 父母的情绪是孩子情绪的示范。暴躁的家长难免不会出现暴躁的孩子。父母的教养方式是孩子不同情绪滋生的孵化剂。父母过于严厉，孩子会反抗叛逆；父母过度保护，孩子会烦躁不安；父母对孩子过于疏离，孩子会表现冷漠孤独。所以说，孩子情绪暴躁，家长要先反思自己。案例中的父子情绪对抗，说明父亲自己的情绪不够成熟，也与父亲平时嗜酒成瘾的示范有关。

父母的教养方式是孩子不同情绪滋生的孵化剂。

2. 父母要做孩子的情绪沙包。孩子认为家庭是最安全的场所，当他在外面由于各种原因累积了负面情绪，在家长面前表现暴躁情绪，实际上更多的是一种宣泄。这时候父父母首先要接纳孩子的暴躁情绪，对孩子的暴躁表现做出关注和温和的反应。

母首先要接纳孩子的暴躁情绪，对孩子的暴躁表现做出关注和温和的反应。反馈给孩子这样一种信息：“我看到了你现在很不开心”；“你心情有些烦躁”。孩子得到的信息应该是：“我的暴躁情绪爸爸妈妈感受到了”；“他们很关心我”。这给孩子的感受就是情绪的接纳和理解，孩子的暴躁情绪就可以得到适当的宣泄和疏解。

3. 帮助孩子寻找情绪暴躁背后的原因。情绪暴躁是一种无力应对某些局面和无力处理某些矛盾的表现。孩子表现出暴躁情绪，实际上是在传递一个信息：我遇到了麻烦事，我不知道怎么办，心情很烦。如果有人帮助他澄清自己的困境，孩子会很快冷静下来，寻找解决的对策。

4. 让孩子知道情绪的真相，认识自己的情绪。负面情绪不都是坏事，一定程度的负面情绪会激发能量，让孩子在压力、愤怒中奋起。当然，负面情绪也会误导人，尤其是暴躁的情绪，会让人做出不理智的行为。家长针对孩子的暴躁情绪做出反馈，让孩子感受自己当下的情绪：“我发怒是这个样子”，“我怎么会是这个样子？”这样孩子就是在觉察和认识自己的情绪。这是开始调节情绪的一个前提。

5. 帮助孩子跳出来看看，转移视角可以改变情绪。孩子处于暴躁情绪时，眼界会很狭窄。父母要尝试把孩子带出来，跳出三界外，烦恼皆浮云。有时候只需要换一换环境，有时候只需要换一换活动，有时候只需要换一换看法。

# 成长的烦恼

大为，初一，个头很高，白皙、帅气、阳光。大为说自己话少，感觉与同学交往有一些困难，不知道该怎么跟同学说话。“他们说的话我没有兴趣，我想说的事情也许他们也不爱听，所以我就不说话了。”

可妈妈为此很是焦虑，认为不仅是话少这点事。自从大为上了初中后，大为回家跟父母说话就少了，而且常常被学校的事情困扰。这个孩子很乖，总是很在意老师、同学的话。如果受到批评，他就会担心老师、同学觉得他做得不够好。现在中学生上课与小学生完全不一样了。小学时都是老师讲，学生听课，他们上课是小组围成一圈讨论着上课。组长要组织小组同学讨论。孩子是组长，每天要做许多讨论的准备，结果还是担心老师说他没有带头做好。中学的老师不会像小学的老师那样管得那么细，孩子班里的事都是他们自己管理。还有，小学的时候他是班长，各方面表现都算优秀，经常受到老师表扬。但在中学，好像做得好是应该的，老师很少表扬了，经常是老师指出他的不足之处。小学的学习成绩总是班上最棒的，但中学就退步到年级50名左右了。还有就是班上有一些女生跟他套近乎，说他“帅哥”“靓仔”之类的话。他有些讨厌，又不知道怎么回应。

看来妈妈对大为非常关心，虽然孩子回家交流的话少，可是她仍然了解学校的很多细节。

大为爸爸在企业工作，工作比较忙。小学的时候，如果大为学习上遇到困难，都是爸爸来辅导。大为妈妈没有上班，料理家务，照顾孩子。妈妈是个善良的、温和的人，不会打骂孩子，只是经常唠叨。可是，自大为上初中后，不管妈妈怎么唠叨，大为经常回应一个“嗯”。

这让关心孩子的妈妈费心猜测，学校里孩子的学习生活怎么样？到底怎么跟青春期的孩子交流呢？

很多家庭都会遇到本案例的问题，这个问题就是中学阶段孩子青春期成长的烦恼。这种烦恼并不特指哪一方面，如果家长不在意，可能都察觉不出孩子有什么烦恼，只是觉得孩子在长大。

从孩子的角度看，成长的烦恼与成长本身相伴相生，挥之不去。孩子在学校里发生的一些事情，大多不愿与家长谈论，因为只要一谈，家长就会不依不饶地说个没完，而且基本不起作用，所以孩子回家就少说为佳了。孩子开始尝试自己来解决自己的事情。

成长的烦恼都是些什么呢？这些烦恼来自生活，来自学习，来自与同学的交往。酸甜苦辣咸，样样都有。

有的孩子会觉得学习生活很烦：天天上课，天天做作业，分析题目，做各种试卷，老是担心成绩下滑。有时疲倦了就会想，学习到底是为了什么？学习到底有什么用？

有的孩子会觉得同学关系很烦：老是钩心斗角、争来争去的。当面叫外号，背后说小话，说不清，理还乱，能不叫人烦？

有的孩子还为自己的莫名其妙的情绪烦，脾气越来越焦躁，连自己也无法接受。与父母讨论或商量一些事时，常常就会顶起嘴来。

一种正面的理解，烦恼给予了孩子成长的动力。人在成长中烦恼，也在烦恼中成长。

青春期的孩子在成长中感受到了烦恼的意义。成长本身就是烦恼并快乐着，且更多的是被烦恼的矛盾所包围。感受着成长的脚步，既享受着快乐，也承受着烦恼。因为每个人在成长的道路上，必须经历种种考验。一种正面的理解，烦恼给予了孩子成长的动力。人在成长中烦恼，也在烦恼中成长。

如果能这样理解成长的烦恼，家长就可以把握好跟孩子交流的分寸了。

家长要跟孩子保持亲而不密的关系。亲而不密，是说不能再像小学时候那样，跟孩子黏在一起，事无巨细地跟在孩子后面。本文案例中的妈妈很焦虑，是因为妈妈从小到大一直关心孩子，为孩子做得很多。青春期的孩子要与妈妈拉开距离，结果是妈妈不习惯这样做。

家长要跟孩子保持适度交流的关系。适度交流，是说既放得开手，让孩子自己处理自己的很多事情；又要交得了心，可以跟孩子交流一些深度的话题。成长的烦恼是孩子必须承受的内心经历，一般情况下，由孩子自己去感受和解决。但不是撒手不管，而是关注孩子的整体状态、成长状态，跟孩子有一种亲情的情感链接。孩子在遇到一些大的问题时，自然会跟家长交流。

# 少年的人生困惑

小源，初三，最近让父母感到无厘头的事是小源提出要休学。身体好好的，家庭好好的，学校好好的，小源的这个想法简直让人怀疑人生。

说来话不长。小源四年级时父母到深圳创业，小源跟着姑姑生活。姑父是一个古板的人，很少言笑。小源不喜欢姑父，也不喜欢姑姑家冷清的氛围。每个学期可以见一次父母，跟父母交流也少。那时候孤僻的小源就对学习有些困惑，想不明白学习为了什么。

小源上初中后成绩在七八十名，还不错，但是仍然不想学习。他觉得学校学习生活束缚人，为什么要学很多感到没用的东西？老师讲课经常讲哪些是要考试的内容，小源感到索然无味。小源对写作有兴趣，希望做一个网络写手，写文章养自己。这个想法很久了，而且也有朋友的支持。于是小源想休学一年自己试试。

可是，这个阶段学识积累远远不够，写作能力也不够，能做的仍然是学习。

学校学习和自己学习，哪个更有利于自己成长？为什么不肯边学校学习边自己积累？现在的学校课程安排，一定有它的道理，距离初中毕业只有半年了，为什么不能坚持一下？

小源后来流露出深层次的想法，人活着为了什么？既然人总有一死，那现在不管做什么，死了都没有意义。人死了精神也一样没了。与其这么无趣地学习，不如现在就去做自己认为有意义的事情。这个想法由来已久，小学时就有。

小学时这个问题不会想得清楚。小学是不是感到生活无趣？因为父母不在身边？因为姑姑家生活的冷清？有些这方面原因。小源经常想着这些问题，但是并没有跟谁交流。

是时候跟青春期的孩子谈谈人生了，讨论一下人活着为了什么。人总有一死，每人都逃不过。但是青春期的孩子离这个话题太远，很多孩子知道了也不去想跟自己的关系。问题是，有些孩子想到了，而且还十分困惑。

人总有一死吗？对。死后万事皆空吗？对。那现在做的一切还有什么意义呢？万贯家财带不走，荣华富贵带不走。与其苦苦奋斗，不如快乐生活。多清晰的逻辑。可是放下一切又觉得不对，怎么想清楚这个问题呢？

人总有一死，这个结局是殊途同归，自然规律，大家都一样。既然这样，我们面对问题就要换一个角度，不是纠结死后如何，而是规划活着如何。人的生命是一个过程。既然人的生命是一个过程，那么，为何不让这个过程体验更丰富多彩呢？虽然说生不带来，死不带去，但是，生命的过程是你的，而且生命的过程只有一次。你想如何把握这个过程呢？

想把握自己生命的过程，那么就需要思考在自己的生命过程里，主要想要什么呢？一般来说，有两个目标，一个是追求快乐幸福，一个是追求意义价值。让孩子要哪一个？

先看看它们有什么区别与关联。幸福的生活通常意味着“得到”更多，少有压力和烦恼，是当下的快乐体验和需要满足。充满意义的生活意味着“给予”更多，是通过贡献社会来实现自我价值。这两个目标关联密切：具有追求和充满意义的生活方式会提升一个人的幸福水平和生活满意程度，并促进身心健康。

人说到底是一种社会性的精神动物，意义是人与社会联

人的独特之处，就在于其对意义的追求。

人不能仅仅被认为是一种追求幸福的生灵，或者说，追求幸福并不是生命的全部内容。人更是一种追求意义的生灵，即能找到自己生活的意义。

系的纽带。强调一句，人的独特之处，就在于其对意义的追求。社会上人与人之间总是因事务而建立联系，或者说，因意义而建立联系。即是说，人不能仅仅被认为是一种追求幸福的生灵。或者说，追求幸福并不是生命的全部内容。人更是一种追求意义的生灵，即能找到自己生活的意义。

有一位心理学家叫作弗兰克，他对于生命的意义有一种深刻的感悟："每一个个体正是通过自身的独特性和唯一性来对彼此进行区分。正是这两个特性，将每个人生存的意义同创造性的工作和人性之爱联系起来。当一个人意识到他是无可取代之时，他就会意识到自己身处于世所背负的责任，他就会将这份责任发扬光大。当一个人意识到了他需要承受来自他人温情，当一个人意识到了他需要完成未竟的事业，他就永远不会放弃自己的生命。因为他已经知道了自己生存的意义，所以他能坦然面对前方的任何挑战。"

人们愿意承受痛苦，是因为遭受的痛苦对他们来说具有独特的意义和价值。当人的需求得到满足，愿望得以实现，他们会因之感到一种丰盈的意义感。

这里还要明确一种说法，生命本身并不具有意义，生命只是一种存在。我们只是要给自己的生命人为地赋予自己期望的意义，也就是追求一种自己想要的活法。既然我们活着，为什么不去追求一种自己期望的生活过程呢?

这些都是成年人的想法，现在我们面对的是孩子。孩子会说，我只要快乐就够了，这无可厚非。只是说，对于孩子的教育引导，我们要让他们去追求自己生命的意义。在孩子长大的过程中，他们会思考这个事情。

这些道理，作为家长要视孩子的情况讨论。而且，话题不能离开孩子的现实状况。

案例中的小源就是这样的想法，与其无趣地学习，不如现在就去做自己认为有意义的事情。或者说，小源现在还没有在学习中找到自己有意义的目标。问题是，现在的小源具备自我独立探索的条件吗？

对于初中阶段的孩子来说，他们还不具备独立探索世界的能力，谈及追求生活的意义显得有些力不从心。那么要问另一个问题了，既然知道目前条件并不具备，这么想想也就算了，为什么还要真的去做呢？其实，这才是真正的问题。

他们背后的话题是对于生活有趣还是难挨的感受，童年时期更多的是感到生活有趣还是无趣。小源没有父母在身边，跟姑姑生活感到姑父的冷淡，那是一段压抑无趣的时光，而情感的形成也会偏于冷漠。冷漠的情感状态往往会伴随产生一些消极的想法。小源对于学校学习近于偏激的想法，让他始终无法在现实生活中找到乐趣。这一点，忙碌的家长疏忽了。找不到乐趣的孩子会自我消沉，自我消沉的孩子会怀疑人生，怀疑人生的孩子还肯好好过日子吗？

感受生活的乐趣与追求生活的意义存在一种微妙的关系。

可不可以让孩子的童年更多地追求和享受生活的快乐？

有一位母亲这样告诉孩子："宁愿欠你一个快乐的童年，也不愿看到你变成卑微的成年。"这种看法很有代表性。于是家长们比着让孩子去刻苦学习，而不关心孩子的感受。比着这样做的家长有一个神逻辑："你还不懂什么是好，我觉得好就是好。"然而面对充满压力的童年所带来的焦虑问题，更多的家长会很纠结：剥夺孩子快乐的童年真的好吗？

这里不妨问两句：努力学习意味着不快乐吗？成年的卑微与童年的快乐有关系吗？

童年的快乐更多地包含着成长意义的快乐。快乐的童年与幸福的成年并不相悖。我们培养孩子是让孩子的人生更有价值、更幸福和快乐。家长教育孩子的基本理念应是顺应孩子的天性，让孩子能够在快乐和幸福的心态下学在叩问人生的意义之前，需要让孩子成长得足够完整。成长的过程是家长与孩子一起构建有趣的生活和探索奇妙的世界。孩子的生活经历是否充满成长的愉悦十分重要，这是构建完整自我的一个重要方面的内容。

习和成长。

在经受暴风骤雨之前，需要让小树苗长得足够坚韧。在叩问人生的意义之前，需要让孩子成长得足够完整。成长的过程是家长与孩子一起构建有趣的生活和探索奇妙的世界。孩子的生活经历是否充满成长的愉悦十分重要，这是构建完整自我的一个重要方面的内容。这些同样是他们成年之后智慧和善良的源泉。

# 拓展阅读

## 婴儿到青少年期的发展阶段一览表之青春期
## （女孩：11—13岁）（男孩：12—14岁）

| 情景中的自我理论观点 |
|---|
| 这个时期儿童开始寻找自我，并开始发展出自主感。本阶段的主要任务有：坚持自己的权利、发展情绪能力、加深对道德的理解、适应快速的身体以及外形上的变化，学会处理社会关系、学会与他人协作、发展出对自己以及他人的性特征的知觉。这个阶段个体拓展了对于自己和伙伴、家庭以及社区的关系的理解。 |

## 13—15岁年龄段的家庭教育指导

1. 13—15岁儿童身心发展特点

13—15岁的儿童正处于告别幼稚、走向成熟的过渡时期，即青春期。青春期的儿童面临着生理和心理上的“巨变”：各项身体指标接近于成人；性激素分泌大大增加，引起了性的萌发与成熟；感知觉能力不断提高，能有意识地调节和控制自己的注意力；逐步采用有意记忆的方法，其抽象逻辑思维日益占据主要地位；自我控制能力有了明显的发展，情感不再完全外露，但情绪还不稳定、易冲动。

2. 家庭教育指导内容要点

（1）对儿童开展适时、适当、适度的性别教育。指导家长进行青春期生理卫生知识指导，帮助儿童认识并适应自己的生理变化；开展科学的性心理辅导，进行青春期异性交往的指导；加强对儿童的性道德观念教育，并注意控制家庭的不良性刺激；引导儿童以合理的方式宣泄情绪。

（2）利用日常生活细节，开展伦理道德教育。指导家长加强自身道德修养，发挥道德榜样作用；把“修德做人”放在首位，强化儿童的伦理道德意识；肯定儿童的自我价值意识，立足道德的积极面引导儿童；创设健康向上的家庭氛围；与学校、社会形成合力，净化家庭和社会文化环境。

（3）开展信息素养教育，引导儿童正确使用各种媒介。指导家长掌握必要的信息知识与技能；树立民主意识，做儿童的朋友，了解儿童使用各种媒介的情况；培养儿童对信息的是非辨别能力和信息加工能力；鼓励儿童在使用网络等媒介的过程中学会自我尊重、自我发展；多关心鼓励对网络等媒介使用上瘾的儿童，并根据实际情况适时寻求专业咨询和心理援助。

（4）重视儿童学习过程，促进儿童快乐学习。指导家长和儿童树立正确的学业态度和应试心理；重视儿童学习方法和学习习惯的养成；教育儿童克服考试焦虑的方法与技巧；与儿童共同制定学习目标，并对取得阶段性成绩的儿童予以及时鼓励；在儿童考试受挫时鼓励儿童。

（5）尊重和信任儿童，促进良好的亲子沟通。指导家长摆正心态，以平等的姿态与儿童相处；学习与儿童沟通的技巧，学会运用委婉、民主、宽容的语言和态度对待儿童；学会倾听儿童的意见和感受，学会尊重、欣赏、认同和分享儿童的想法；学会采取正面方式激励儿童。

（6）树立正确的学业观，尊重儿童的自主选择。指导家长帮助儿童树立信心，勇于面对现实；协助儿童综合分析学业水平、兴趣爱好、未来规划等，选择适合其发展的高中、职校或其他发展方式；宽容地对待儿童的自我选择。

4 第四章

# 自我初成

## 高中阶段

# 本章导读

这个年龄阶段通常称之为青年初期，它是一个人独立走向社会生活的准备时期，也是一个人开始严肃考虑自己未来生活道路的时期。这个时期是形成自我认同的关键时期。

这个阶段的主要发展任务有：把自身因素和社会因素加以整合，形成自我认同感。发展出有关生活的价值体系，探索生活目标和意义。建立性别认同感，学会处理亲密关系。学会自我管理，能够自主完成学业任务。

高中学生的生理发育已基本成熟，他们的身高、体重、胸围等各方面都已经和成年人差不多。在这一时期他们进一步认识到两性关系，这是这个年龄阶段学生生理发育影响到心理变化的突出问题。他们的神经系统已经发育成熟，大脑皮层的结构和机能已达到成人水平，但仍然是一个身体生长发育的重要时期。

高中学生所学的各门学科，基本上反映着自然、社会和精神现象的客观规律，逻辑性、系统性很严密。在学习中要求他们不仅要发挥更强的独立性和自觉性，而且还要具有独立分析问题和解决问题的能力。同时，还要求他们具有一定的自学能力。

# 押上成长的筹码

**案例一**

一位勤勤恳恳的单身母亲吴女士与女儿相依为命，她几乎把全部精力都放在了女儿的教育上。十几年下来功夫不负有心人，乖乖女儿茁壮成长。为了给女儿提供更好的学习条件，高一就要送女儿远赴美国留学了。这本来是一件好事，可是吴女士却越来越放不下心来。最近美国大学校园发生了震惊世界的绑架案，而且还有枪击案频发。而且，吴女士最近一直关注着那个遥远且陌生的国度，发现那里频频发生一些难以预测的事情。虽然女儿不以为然，可是吴女士却日益陷入无法摆脱的焦虑：女儿从来没有离开过自己，年龄还这么小，这一下跑到十万八千里之外，无亲戚又无朋友，难见面更难料吉凶，如何才能保障女儿的安全？

**案例二**

一对兢兢业业的教师夫妻，一位教高三数学，一位教高三英语。教师夫妻有一个宝贝儿子大宝。夫妻二人心气十足，要让儿子走一条最佳的成长路线。儿子进了高中后，两位高三学科掌门人对儿子的学习关怀备至，把大宝的学习当作自己的教学实验个案，天天都要对儿子各科学习情况进行跟踪分析，比儿子还了解儿子的学习状况。大宝乐得自在快活，一直按照父母制定的学习计划顺利学习。虽然大宝学习成绩中游偏上，但是在父母的全力呵护下，大宝一举考入了上海的一所著名大学。夫妻二人大喜过望，逢人经常讲起成功教育儿子的案例。可是，接下来两年后的事情却让父母大跌眼镜。儿子大宝在大学的学习生活渐行渐乱，后来居然一塌糊涂，生活学习任性而为，学科成绩频亮红灯。比这个麻烦的事情更糟糕的是，大宝自己并不在乎学习的事，周末拍拖、跳舞、玩网游，怎么开心怎么来。两位父母急得天天打电话，像督促中学生一样监督儿子学习。他们开始反思起来：如此精心培养孩子怎么还不能让人放心地独行？高中阶段的辅导做得不对吗？

高中阶段，孩子到了十六七岁，家长关注孩子的方式在悄然发生变化。两个案例中的家长都在努力为孩子做得足够好。但是我们看到，一个为孩子做得足够好的家长有放不下的担忧，另一对为孩子做得足够好的家长却感到哪里出了问题。

重要的高中阶段，负责任的父母都在努力给孩子提供更好的条件，押上成长的筹码。可是，成长的筹码是要为孩子做得更多吗？

先谈一些有关本能的话题。

人类已经远离了原生态的生存方式，幸福地生活在被现代文明浸润的生态环境之中。这的确是人类文明的进步。然而，人类文明的进步同时，也在弱化生命的原始野性。

看一看动物世界里发生的本能式教养活动吧。

其一，一头小牛羚在行进的牛羚群中降生了，然而，生命不允许停顿。在广袤的原野上，无数新的生命就这样平静地诞生。几分钟后这个新生儿必须站起来并跟上队伍前进的步伐。小牛羚的母亲不断地用头去帮助它，它必须让小牛羚依靠自己的力量站起来。因为它们正在前往北方的草原，那里有更新鲜的嫩草。小牛羚半跪在草地上积蓄着力量，也许在它们生命的本能意识里清楚地知道：不能够站起来跟上自己的队伍，等待它们的将是食肉动物的猎杀。

其二，这是一个很多中学生做过的作文素材。当幼鹰长到足够大的时候，鹰妈妈便把巢穴里松软的铺垫全部扔出去。这样，幼鹰们就不得不爬到巢穴的边缘。而此时，鹰妈妈就把它们从巢穴的边缘赶下去。当这些幼鹰离开时，它们就会拼命地拍打翅膀来阻止自己继续下落。最后，它们在跌下山崖的振翅挣扎中学会了飞翔。其实，鹰妈妈本能地知道，让幼鹰学会飞翔，就必须把它们赶出巢穴。

动物本能的哺育行为是自然进化选择的结果，虽然带有原始的野性，但是其行为是有效且有益的。现在看一看我们的子女成长。家长帮助孩子做得越多，孩子自己自然做得越少，其自身的独立性因素成长就会弱化。成长中的亲子关系就是维持这样一种微妙的平衡。生命的哺育需要培育幼小的生命一种坚韧独立的品质，生命的成长需要一种自立独行的力量。

当今天的父母对子女教养足够重视并且做得足够好的时候，却恰恰因此而不肯适时放手。父母们不想再让子女重走自己的弯路，重犯自己的错误，结果总是对子女怎么走路拉拉扶扶、指指点点。而有一天父母们发现，他们不可能再陪伴子女走下去。孩子的人生道路上必然有很多难以预测的沟沟坎坎，他们必须学会自己去逾越障碍、解决难题。

尽管社会仍然有唯文凭取人的倾向，尽管学习仍然是孩子成长的重要内容，但是走过来就会知道，孩子的成长有一些基本的东西，它们像基石一样奠定人一生的根本，它们可以作为不变的要素应对人生的万变。

这些基本的东西是什么呢？它们应该是：

向善的本性。对社会和他人有一种仁爱的胸怀，它会滋养人达观而友善地处世；

积极的信念。对人生和事业有一种乐观的视野，它会鼓舞人积极而阳光地生活；

不懈的努力。对前行的坎坷有一种韧性的奋斗，它会坚定人不屈且不弃地做事；

追求的梦想。对自己的将来有一个基本的规划，它会指引人有方向地前行。

向善的本性。
积极的信念。
不懈的努力。
追求的梦想。

这些基本的东西就是作为一个独立的人应该具备的要素。父母在孩子的成长中应该在这些基本方面押上筹码，剩下的事情放手让孩子自己去做。这样的孩子长大了，父母才可以放心地让其远行。

# 在初恋中经历心理探险

**案例一**

读高一的倩倩已经休学半年了，妈妈因为她的事情寝食不安，眼看着好好的一个家笼罩在阴霾之中。每天三口人也是坐在一起吃饭，可吃什么都味同嚼蜡。妈妈因此抑郁成疾，工作也辞了。

倩倩考上的是一所市级重点高中。她很喜欢自己的学校，结交了几个好朋友。下课的时候，几个女生会扎堆在一起，说点同学之间的小绯闻。谁今天看了谁一眼啦，谁跟谁说话不好意思脸红啦。她们觉得说这种事特别好玩，显然这是一群青春少女。

其实一入学，倩倩就在观察班里面的男生了，哪个男生梳了什么头发，哪个男生数学好，哪个男生爱开玩笑，她都看在眼里。她开始喜欢班里的一个男生，个子高，篮球打得好。有一次倩倩看他打球，一个大力传球，球飞到了场外。倩倩赶紧帮助捡球，男生接过球说了声谢谢。就这样，二个人开始熟悉起来，在一起说话特别开心。周末，二个人就用微信聊天。自从有了男生好朋友，倩倩感到特别美好。

这样的美好日子持续了3个月。一次，倩倩看到那男生跟好几个女生开心地说话聊天，她心里面的气不打一处来。不是跟我最好吗？怎么眼睛还盯着别的女生啊。倩倩特别害怕自己“被甩了”，可担心的事情还是发生了。有一天倩倩跟男生表白，希望能确定男女朋友关系，但男生说我们只是好同学的关系，不可能做男女朋友。倩倩彻底崩溃了，一个人躲在屋子里伤心地哭了很久。不久，倩倩发现班里的小颖整天缠着他，他们俩好上了。

“分手”对倩倩来说是一个挫折事件，倩倩自尊心受到严重打击：

“我的初恋就这样完了？真丢人”。我哪里不好？是长得不如她，还是学习不如她？我把日记都给你看过，你知道我心里只有你。倩倩就这么昏昏沉沉的，天天上课提不起精神。后来又听到同学的风凉话，说是那个男生根本就不喜欢倩倩，倩倩还死抓住人家不放。这太没脸见人了，于是倩倩休学了。

这件事一直不敢告诉爸爸，因为爸爸嘱咐过她，高中的时候学习紧张，不要谈恋爱，所以这事只敢跟妈妈说。在倩倩捧个手机聊天的时候，妈妈就看出来，孩子有男同学喜欢，看着孩子高兴就没多说什么。分手这件事，妈妈也想不明白，两个人谈恋爱居然说不谈就不谈了。女儿被同学甩了，以后可怎么在班里待啊。本以为女儿在家休息几天就回学校了，没想到这一请假就是半年，长时间的焦虑让妈妈抑郁了。

**案例二**

女儿芳芳在读高一，最近发现跟男班长恋爱了，而且发现女儿的成绩有所下滑，爸爸妈妈很是焦虑。爸爸动用“私人侦探”，发现芳芳约那个男班长去图书馆看书，然后一起去吃饭，一起去看电影。家里的亲情关系从来都是温馨和睦，可是这事也不能眼看着不管。两个人在班里应该都算是好学生，这事怎么管呢？

焦虑的家长来找心理咨询师了。之前妈妈有所察觉，女儿曾说过班长对她很好。且不说学校怎么对待这类事情，现在家长该怎么做？

要跟女儿谈吗？怎么谈？一起谈吗？能不能找男生的家长说说？

从青春期开始，生命繁衍的意念以一种充沛的原始动力在心灵深处鼓噪。结束了童年无忌的快乐生活，伴随性生理的成熟，青春期的孩子体内开始大量分泌性激素，性的意识如期而至，而且从此伴随一生。男孩女孩懵懵懂懂感觉到自己并不“完整”，心灵深处开始渴望性的另一极，认识自我的追问显露出强烈的困惑：“我是男孩吗？那女孩跟我有什么不同？”“我是女孩吗？那男孩跟我有什么不同？”

青春期恋爱的现象从初中开始就有出现，不过，那时还带有嬉闹游戏的意味。到了高中阶段，变成一种认真投入的异性交往。若从家长的角度看孩子的恋爱，那简直是一场危机四伏的闹剧；而从孩子的角度看自己恋爱，那可是一场美妙浪漫的体验，也是一场如醉如痴的心理探险。如果家长能看到这一点，就会明白“棒打鸳鸯”实为不妥的道理。

高中生恋爱最大的特点是女生比较主动，甚至对异性的追求比较强烈。

当女生进入青春期后，生理上发生了一系列变化，出现了第二性征，各种生理机能基本发育成熟。怀春的女生是情感动物，她们意识到自己长大了，其中的一些前卫者渴望尝试情感生活。有些在离异家庭或单亲家庭生活的女生，因为家庭温暖不足，于是从情感上寻求慰藉。有些成绩平平的女生，往往不能像成绩优异者那样受到关注，于是从情感上寻求补偿。还有的女生竟要用恋爱来证明自己的魅力，“没有男生喜欢的女生没人缘”。

案例一中的倩倩关注男生，欣赏男生。首先说明她是一个生理、心理发育正常的花季少女。倩倩把注意力集中在了一个男生身上，在两个人单独交往的时候，倩倩感受到被男生欣赏所带来的愉悦与满足，为此她特别珍惜这一段美好的关系状态。

还要看到，青春期同时也是一个情绪动荡、处事青涩、自我不那么确定的时期，一些人不会把注意力放在一个人身上，而是比较广泛地观察了解异性，案例一中男生就是这样的状态。男生也是一个生理、心理发育正常的活力少年，只不过他对异性的关注方式与倩倩不同。

怎样看待“分手”这件事，对倩倩的情绪、行为影响很大。“被甩了很可怜”“女生主动太丢人”“被同学嘲笑，没脸见人”这些观念，带来的是深深的羞耻感。倩倩出不了门了。

倩倩才15岁，她脑袋里哪来的这些观念呢？一定与她的生活经历、环境有关。倩倩有了困惑主要是跟妈妈说，妈妈非常爱女儿，母女之间情感纠缠紧密。女儿不上学，妈妈辞了工，两个人一起发愁。妈妈用一种同情的心态陪伴女儿，这恰恰成了女儿沮丧退缩的助推剂。有不成熟的孩子，是因为有不成熟的家长。

其实家里还有爸爸这个充满力量的资源，可爸爸说，女儿出生后妈妈就不让他插手管孩子。妈妈溺爱，孩子自然就愿意听妈妈的话，一转眼15年过去了，他只能眼睁睁地在一边看着她们母女，任她们走下去。不过，现在，爸爸需要出面了。

青春期的女儿谈恋爱，那只是一幕应季花开，家长不必焦虑重重，但是也要注意方法。我们以案例二为例，谈谈应该怎么办。

首先，确定一个基调，对自己孩子有一个信任的态度。这一点，在于家庭生活中的亲子关系有没有形成这样一个信任基础。

然后，比较妥当的做法是，家长跟女儿一起讨论这件事。“私人侦探”这种事做了就做了，不能再讲。讲了说明对女儿不信任，会把事情搞糟。讨论这件事的意思，是家长站在女儿的立场上一起商量，而不是指责、审问。话题是女儿喜欢什么样的男生，喜欢他身上哪些方面。目的是帮助女儿澄清恋爱观，也就是喜欢男生身上的哪些品质。让女儿看到自己喜欢的男生是一类人，而不是一个人，然后再帮助女儿认清自己能承担的责任。恋爱就意味着要对另一个人负责，同时也要对自己负责。让女儿考虑，经历正在长大的青春期，该怎样对自己负责呢？跟女儿谈时，结合学习的事。自己能把握好吗？真的能够对学习有帮助吗？自己能分配好精力吗？由女儿自己权衡。

具体一点的问题，谁跟女儿谈合适？是爸爸妈妈一起谈吗？这要看平时谁跟女儿比较亲近。如果是妈妈亲近一些，那么可以由妈妈先跟女儿谈。因为前面孩子说过跟这个男班长要好的事，可以就这个话题说下去，但是不要说出私下发现女儿跟班长的约会活动。如果女儿不保密就会说出更多的事情和看法，妈妈可以顺势交流。只要女儿在这个事情上敞开心扉交流，就不会有问题。

跟男生的家长说明这件事好不好？一般来说，这是不信任自己孩子的做法，不合适。说明之后你不知道对方做出怎样的反应。如果对方跟自己的孩子讲，可能话会传回来，这样会让女儿不仅有不信任感，而且还很反感。在信任女儿的前提下，这时候最好的介入方式是跟女儿交流，由女儿自己处理。

女儿谈恋爱，是在经历一场心理意义的探险，因为与异性建立亲密关系是一件很需要把握情感分寸的事情，如把握不当，易造成心理伤害。但同时，这也正是启迪心灵成长的契机。面对这种问题，涉及个人隐私和自尊，家长要在尊重和信任的基础上，学会一些交流的技巧，不能简单化处理。

当然，首先应该是女儿的家庭要有心理成熟的家长。

# 冲破成长的茧

茜茜是一个乖巧、秀气的女孩，在读高二。茜茜的父母都是各自公司的中级职员，父亲做办公室工作，母亲做财务工作。两个人工作兢兢业业，生活规规矩矩，为人本本分分，过着普通人的幸福生活。工作生活都没什么操心事，女儿茜茜便成了他们最大的期盼，也是茶余饭后最多的话题。

最近茜茜有点莫名其妙的麻烦，她说自己老是反复不断地想事情。她在想有一次在教室里与帅气的男生班长撞在了一起，胸部被戳了一下。不知为什么，以后总是觉得怪怪的，该怎样与这个男生交往呢？她在想放学就应该按时回家，可是最近经常有同学招呼自己放学后一起搞活动，是拒绝还是不拒绝呢？她在想上课时总是这样控制不住地想无关的事情，影响学习该怎么办？茜茜被自己想事情的念头折腾得失眠了。

本身就善于对女儿察言观色的父母，当然在第一时间感觉到了女儿的问题，于是将其列为家中第一要务。两人分析，女儿的情况肯定与学习压力过大有关。视女儿为心头肉的父母开始想尽办法为女儿减压。

每天要为女儿精心调制饮食。香辣口味调适好，荤素营养搭配全，勤快手巧的母亲乐得做这些拿手活。每天要为女儿营造温馨的氛围。晚饭时分，要与女儿说一会儿闲话；9时左右，要为女儿热一杯牛奶。善解人意的父亲把晚间时光安排得妥妥帖帖。精心的父母把茜茜像贵宾一样招待。

一天晚上，茜茜在房间里做作业有点发困，坐在那打个盹。忽然，她感觉身后有一个人，不觉惊得浑身一抖。身后那个人温和地拍拍茜茜的肩头："是爸爸，是爸爸。有点累了吧？"

茜茜很爱自己的家庭，她感到不能与父母分开太长的时间。每天放学，她一定准时回家。其实已经习惯了，从小学开始就一直是这样。每天，茜茜会把学校里、班级里的事情讲给父母听。当然，茜茜也会把心事讲给父母听。茜茜对父母也很关心，她感到家对她来说太重要了。她像父母体察自己那样去体察父母。在茜茜的眼里，就妈妈爸爸之间来说，妈妈是一个很好的妻子，能干、麻利；而爸爸是一个温和的丈夫，细心、体贴。妈妈有点像爸爸的角色；爸爸有点像妈妈的角色。而不管父母怎样，茜茜感到自己总是处于家庭中被关爱的位置。得了心病之后，茜茜对于父母的关爱更加敏感。她不希望让父母为自己太操心。有时晚上父母在客厅里轻声细语地说话，她会警觉地想听清楚：是不是又在说自己？有时晚上想咳嗽一声也会努力克制住，不然又会招惹父亲推门问个究竟。

如此小心翼翼地生活了几个月，茜茜的失眠并没有减轻。她感到父母像探照灯一样照着自己，越想克制失眠越陷入失眠的泥淖。她感到自己像晴雨表一样感应着父母的心情变化，竟然为父母对自己的焦虑而焦虑。

越生活越累的一家人找到了心理咨询师，与心理咨询师的一番对话让他们重新反思自己的生活。

一个家庭的关系应当是这样的：夫妻是最紧密的一对，然后才是父母与孩子的关系。每个家庭成员都有一个独立的心理空间，别人不要过度介入。随着孩子的成长，他（她）的心理空间也渐渐有独立的需要。可是，孩子的心理空间却常常被父母忽视。

茜茜的父母在反思：我们在生活中确实忽视了夫妻生活的内容，我们太在意孩子了，虽然我们知道孩子并不是家庭生活的全部。我们把家庭的重心全部放在孩子身上时，结果却成了敏感性关注，把孩子的问题放大了。孩子已经到了青春期，应该给孩子自己的空间，让她更多地去与同伴们交流共事。我们深深地互爱着，结果也让爱把我们黏着在一起，纠缠在一起，敏感地互相感受着，也互相牵扯着。好像在做一个茧，在孩子该破茧而出时还让她束缚在茧里。

茜茜在反思：我原来感到家有一种力量，让我在迷茫时、弱小时可以获得支持。其实我很想独立，但是总怕失去家的佑护。为什么我怕长大？总是放不开自己？总是除了上学就想回家？其实我已经有力量独立面对外面的世界，其实我喜欢男孩子那种洋溢活力和阳刚的形态，其实我渴望探索充满诱惑、充满乐趣、充满挑战的外部世界。温馨的家如同一个茧，温暖、安全，但是，那只是幼儿的摇篮。现在我长大了，该破茧而飞了。这不正是父母所期望的吗？破茧而出的彩蝶会遇到风雨，也可能遭遇凶险，但是，除了学会去冷静、勇敢地面对，难道还退缩不前吗？对了，长大就要做长大的事情。

这个案例的问题非常典型，高中阶段的孩子出现问题，其基本原因就是心理上还没有独立。

家长要意识到孩子的成长是一种渐行渐远离的过程，爱孩子的本质就是要形成一种促进孩子独立成长的推力。

冲破成长的茧需要这样做，家长要意识到孩子的成长是一种渐行渐远离的过程，爱孩子的本质就是要形成一种促进孩子独立成长的推力。“因为爱你所以让你远离。”

孩子则把爱父母变成一种自己立身社会的动力。“因为爱你们所以我要远离。”

这就是成就孩子成长的含意。

# 脆弱的自尊

小咪是一个文静的女孩，在读高二，以前成绩挺好的，进校时排校前5名，刚上高二时候掉到12名，现在在班里排到20名后。

妈妈有点着急，“从小身高相貌出众，学业优秀兼才艺双全”，上了高中居然学习越来越差，于是跟女儿聊聊学校的事。

小咪说她也很苦恼。学习容易走神，有时感觉学不进去。然后什么都想，控制不了，近半年越来越严重。想班里有很多成绩好的同学，而自己比不过他们怎么办？看到很多女同学们都喜欢聊“星”“化妆”“八卦事”等，自己就花时间了解一下，结果感到影响学习了；以前在班里是佼佼者，受到老师的关注，而现在自己感到很失落；老师鼓励的时候，还有兴趣去学，过了一段时间又松懈下来，学习没什么动力；哪个男同学对自己好一点就会胡思乱想。把握不了自己，也不敢相信自己，该怎么办？

在妈妈的眼睛里，小咪性格比较胆怯，不太善于和人交往，很听话，也很敏感，对别人的半句话都要想几天，像“胖了，腿粗”之类的。感觉孩子的自信心不足。

小咪跟妈妈关系不错。从小到大，孩子的教育问题都由母亲一人承担，孩子也愿意和母亲沟通，遇到问题常主动向妈妈寻求帮助。妈妈教子意识很强，只要下班回到家就一心扑在孩子身上，陪孩子玩、陪孩子学习。妈妈自认为“既是母亲又是父亲”，给予无微不至的关注，把小咪拉得很紧。

小咪的父女关系较为淡漠。用小咪的话说是“陌生的、不负责任的、可有可无的、只有缺钱时才会想到的”。现在，妈妈认为搞不定孩子的事，就在爸爸面前唠叨。这时候爸爸就会形式性地叮嘱小咪要专心、要努力，不过小咪认为爸爸只是敷衍。

小咪3岁前在老家由外公外婆照顾，3岁后到深圳跟父母一起生活，成长比较顺利。

谈谈自尊，这是一个如何看待自我的话题。

自尊即自我尊重，也可以说是对自我价值的肯定，对自身能力的信任。自尊是自我系统的核心成分。

高中阶段孩子的生理和心理趋于成熟。高中生不可避免地要应对与处理生理与心理上的诸多成长问题。同时高中生面临着繁重的学习任务，承受着很大的学业压力，因此也是心理困惑与冲突的“易感期”。而自尊作为自我系统或自我意识的核心因素，在缓解这种心理冲突、帮助高中生进行自我调节方面起重要作用。

另外，高中时期还是自我认同逐渐形成的一个关键时期。自我认同是从青春期开始的，它对个体适应环境有重要作用。在这一时期，如果不能形成自我认同，将会影响今后的发展。自尊与自我认同有着密切的关联，自我认同感较好的学生能够体验到较强的自尊和自信。

高中生已经完全清楚要在社会意义上发展自我。他们在意自己的外在形象，渴望得到他人认可与称赞，期望得到同学群体善待与接纳。

高中阶段的自尊与家庭教养方式关系显著。自尊水平高的学生更多地感受到父母情感温暖和理解，自尊水平低的学生其父母则更多地表现出否认、拒绝。

正是由于处在这样一个自我还没有完全确定的时期，当他们遇到挫折和困难时，就会怀疑自己能力够不够，方向对不对。自尊显得很脆弱。

案例中的小咪很有代表性。她在学习上逐渐感到有些吃力，在同学关系上感到有些不自如，因此变得迷茫起来。这种迷茫是在完成各种成长任务时，进行自我评估形成的感觉。是努力不够的原因呢，还是能力不足的结果，接下来怎么办呢？自我不确定了。

我们看到，小咪的情况也有来自家庭的因素。

小咪跟妈妈的关系很密切，妈妈一直把小咪拉得很紧，爸爸游离在亲子关系之外。结果我们看到，家庭给予小咪的成长推动力不足，小咪向外发展的步伐迟疑而乏力。自尊受挫，小咪开始怀疑自己的价值，于是，更多的问题出现了。其实，妈妈不仅是拉得太紧了，还有更重要的问题是盯得太近了。妈妈只看到了女儿眼下的问题，于是放大这些问题焦虑不已。人对自我价值的评估也被这些问题缠住了。

有些问题在于从什么角度去看。比如同学关系有矛盾，有些孩子认为是问题，有些孩子却不觉得是问题，人际交往中磕磕碰碰的算什么事。能不能跳开问题看问题呢？这里有一个从成长格局看自尊的话题。

马戏团是这样训练大象的。在大象还是小象的时候，把它绑在一根很大的木桩上。好动的小象一开始会想挣脱木桩，但是发现自己无论如何都挣不脱。这时候，给小象换一根比较小的，但是它无法挣脱的木桩。再过一阵子，又给小象换一根更小的，依然是无法挣脱的木桩。久而久之，在小象思维里会形成一个结论：我被木桩拴住了，就不能挣脱了。当小象的想法形成之后，即使用一根很小的木桩系住它，小象也不会想逃走了。当它长成大象，力量足以挣开木桩的束缚，但思维的定势已经形成了，被拴住的大象也不会挣脱逃走了。

训练大象的过程就是形成一种行为习惯的过程，也是形成格局的过程。

孩子每天的生活就是形成习惯的过程。每个家庭的生活方式不一样，每个孩子的生活习惯也有不同。习惯形成了，孩子的思维也就形成了定势，按照一定的套路、一定的格局做事情。换一种别的生活情境，可以按照一种相应的新格局做事情了，但是他习惯了，还是按照自己形成的格局做事情。格局的形成，让人循章做事轻车熟路，也让人陷入局中难以自拔。

孩子的成长的格局，来自于与父母朝夕相伴的生活方式。

俞敏洪回忆自己的成长经历，说自己继承了父亲的宽厚，又从母亲身上学到了坚韧不拔、锲而不舍的精神。他认为“是我的父母成就了我”。这些受用一生的东西就是成长格局的因素。

俞敏洪的很多励志演讲是关于成长格局的。比如这一段：“我们人的生活有两种方式，第一种方式是像草一样活着，你尽管活着，每年还在成长，但你毕竟是一棵草，你吸收雨露阳光，但是长不大，人们可以踩过你，但是人们不会因为你的痛苦而产生痛苦。人们不会因为你被踩了而来怜悯你，因为人们本身就没有看到你。所以我们每个人都应该像树一样地成长，即使我们现在什么都不是，但是只要你有树的种子，即使被人踩到泥土中间，你依然能够吸收泥土的养分，自己成长起来。当你长成参天大树以后，遥远的地方，人们就能看到你，走近你，你能给人一片绿色。活着是美丽的风景，死了依然是栋梁之材，活着死了都有用，这就是我们每一个同学做人的标准和成长的标准。当一个人为别人活着的时候，就非常麻烦。因为别人的标准是不一样的，没有了坚持自己的追求而想要的东西，你的尊严和自尊是得不到保证的，因为你总是在飘摇中间。对于我们来说，保持自己尊严和自尊的最好的方法是什么呢？就是说你有一个梦想，通过从最基本的一个步骤，你就可以开始追求。”

看看，有一个大的成长格局，整个人的心态和行为都会着眼长远。对于孩子来说，父母是过来人，因此，父母可以帮助孩子看远、看宽，看一生的成长。而不是被眼下鸡毛蒜皮的事缠绕。

如果父母能够着眼社会的发展和终生的成长养育孩子，

如果父母能够着眼社会的发展和终生的成长养育孩子，那么孩子的成长格局自然更大。他会基于更广的视野和更高的梦想定位自己的价值，才会有较高的自尊。

那么孩子的成长格局自然更大。他会基于更广的视野和更高的梦想定位自己的价值，才会有较高的自尊。这样，他就会有更强的成长动力和更大的战胜挫折的意志力。

## 面对考试的内心冲突

小池是一个长得瘦高的高三学生，最近经常失眠，面临高考感到压力大，周末赶来咨询。

在咨询室里，小池眉头微皱。谈到高考压力，他只是说感到处于一种无法摆脱的压力之中，但具体说不上压力是什么。平时感到复习任务重，每天很少运动。谈到面临高考焦虑的原因，小池说：主要是他希望考到想去的本科高校，理想分数应该是580分以上，而现在考试估分在520分左右，担心考不上本科。平时考试时就会紧张，常常手心出汗，有时把卷子都弄湿了。

一番分析，原来小池的压力源来自绝对化欲求的“我应该考好”和“考场紧张”两方面。下面是一段改变认知的对话：

小池：“我应该考到580分以上，否则就很糟。我感到自己没希望，不知道怎么办。”

心理咨询师：“你根据什么说应该考到580分以上呢？”首先让小池对自己“应该怎么样”的想法开始反思。

小池：“没根据，只是希望那样。”这个回答给下面改变绝对化欲求做了铺垫。

心理咨询师：“设想一下，考不到580分会怎么样？会没希望吗？”心理咨询师希望改变小池的非理性应付的消极情绪，让小池设想一下结果会不会很糟。

小池：“上不了想去的本科学校喽。”看来还是可以接受现实的。

心理咨询师：“总会有书读的，对吗？上不了想去的学校会影响一生吗？”继续探讨结果会不会很糟。

小池："那也不会，后面还可以自己努力的。"只要回归理性思考，就会说得很明白。

心理咨询师："那就是说，情况不会很糟，而且只要努力就会有希望。"

小池并没有完全出来："但是还希望考试如愿一些。"当人被消极情绪控制时，那些消极的认知并不容易改变。这时需要找到一个可以替换的积极认知。

心理咨询师："希望考试如愿你就应该考好，这是关注过程还是关注结果？"

小池："当然是关注结果。"

心理咨询师："可是考试的结果你可能够完全把握吗？一个人能够自己完全控制的事情有多少呢？" 一番讨论让小池明白了，对于过程的关注更重要。

心理咨询师接着说："如果关注过程应该怎么说？我——"心理咨询师停下来期待小池接下去。

小池想了想说："我尽力去做。"聪明的小池自己就说到点子上了。

小池明白了："我应该做好"是关注结果，实际上过程不由个人完全控制，结果当然无法把握；"我尽力去做"是关注过程，过程中仍有不确定因素，努力后就接受最后的结果。心理咨询师让小池在头脑中分别出现这两个想法时体验自己的情绪变化。小池说出现"我应该做好"时情绪较紧张；出现"我尽力去做"时情绪较轻松。

小池情绪不再像刚来时那样焦虑了。趁热打铁，心理咨询师与小池讨论如何坚持实践"我尽力去做"的想法。

小池还有考试紧张、手心出汗的现象。心理咨询师让小池合上眼睛，放松呼吸，采取冥想放松的方法让小池现场体验放松的感觉。

最后，心理咨询师安排小池回去后的作业：自己经常做一做调节呼吸的放松练习，如果在考场上出现了紧张反应可以现场操练。头脑中有消极念头出现时，就坚持想“我尽力去做”的积极信念。另外，每天要劳逸结合，适当做一些室外运动。

讨论三个关于高考的心理问题。

一个是高考的焦虑。高考是一件大事，考生会感到紧张和焦虑。其实，适度的焦虑是有益的。焦虑是一种能量，保持适度的焦虑，考生会有较高的学习效率和良性竞争意识，从而有较好的应考状态；而过度的焦虑才会导致问题。所以，家长不能看到孩子表现出焦虑就紧张得不行。有时家长的紧张情绪反而会影响到孩子使其更加焦虑。

另一个是控制感。人有一种本能的控制欲望，希望能够自己把握自己的命运，而且，当然，希望自己有更好的命运，哪怕是多一分胜算都好。而每一个人应对的事情，只要涉及他人，就会关系到控制感。比如一个人自己做作业，这可以在控制范围内，不会感到焦虑。如果是参加考试，就会感到不能完全控制了，焦虑随之产生。如果是参加高考，不能控制的感受增强，结果焦虑程度会更高。不仅仅如此，如果这时候把父母的期望叠加上来，考生会感到还要增加一个控制条件：要满足父母的希望，其焦虑程度可想而知。于是导致内心冲突发生：这是一件影响个人命运的大事，你非常想做得更好，而你没有把握做到更好。这件事不能逃避而又不足以应对。

还有一个是我们的高考“文化”。每年到高考时段，为考生保驾护航的事就提到空前的高度。什么道路交通、建筑施工，甚至社区里的广场舞，统统要为高考开道。这些善意的保障活动给考生传递的信息就是，我们全社会都这样重视高考了，日子都不过了，我们算是对得起你了。能不能对得起我们，你自己看着办吧。当全社会都在善意且过度关注高考的时候，当家长们比着租高考酒店、买高考补品、吃高考配餐时，这对于考生无疑构成一种文化氛围的压力。

具体看看高考压力问题有哪几方面原因。

一是要求自己必须考得多么好，这是对自己要求过于绝对化的情况，潜在心理就是必须能够控制考试的局面。可是大家知道，考试这件事有很多因素我们是不能控制的。

二是认为如果考不好就完了，这是一考定终生的心理在作怪。高考虽然重要，但是它不能决定我们一生的命运。

三是要求自己一定要满足爸爸或妈妈的愿望，这是心里在要求自己满足重要他人的期望。这一条跟家长有关。我们的家长是不是对考生有过高期望呢？很多时候考生的紧张心理正是由家长造成的。

四是担心出现异常情况，担心控制不住自己而出现紧张状态，自己不信任自己。这种情况可能与从前出现过紧张状态有关。

我们应该怎么做？

面临大考，应该呈现的最好状态是跟平时一样，保持有规律的生活和适度的紧张，并保持必要的身体运动。简单地说，就是保持一颗平常心。当然，已经感到过度焦虑的考生会说做不到保持平常心。如果是这样，可以按上面的4条原因检查一下，再模仿本文案例尝试改变自己可能是绝对化欲求的认知，配合用常态的生活节奏来调整心态。

面临大考，应该保持的最好状态是跟平时一样，保持有规律的生活和适度的紧张，并保持必要的身体运动。简单地说，就是保持一颗平常心。

先不去考虑太远的事。只是关注当下，把每一天安排好，过得充实有效。另外也不去考虑自己不能控制的事。把自己能够把握的事做好，心境自然平和。大考当前，举重若轻。平静认真地去承担承受，这本身就是成长历练的过程。

家长也要保持平常心。家长的平常心表现在营造一个轻松的家庭氛围，孩子在家里感到环境温馨、和睦，自然会有放松的好心情；家长的平常心还表现在心胸开阔，对孩子的期望不该放在高考上，而该放在孩子的健康成长上。其实现在家长做好后勤工作就可以了。家长不必过度关心孩子，也不必过度照顾孩子。过分关注或者小心翼翼，都会给孩子造成压力。不必买什么营养品，也不必吃太多的大鱼大肉。正常饮食，正常起居，每天进行半小时的一般运动，保持紧张有序、平静从容的心态，足够了。

有一些细节方面，考生进考场前，家长不必说“相信你一定成功”之类的话。每次考生从考场出来，家长不必问“考得如何”之类的话。这些话都是在强化对高考的关注，可能干扰考生后续考试的心理状态。

现在很多家长在孩子高考时要送去考场，这样做好不好？其实，孩子高考就像是平时上学，家长去送，主要是表达一种情感支持。另外，那些特别关心孩子的家长这时候也静不下心来做任何事，就守在考场外吧。比较合适的做法是家长跟孩子商量，不需要送就不送。高考就像是一场庄严的成人礼，孩子要独自去经历和历练，家长不是做得越多越好。

# 学习压力的背后

小洁，高一，钢琴过了十级，校乒乓球队队员。去年上过高一，因病而休学，现在是重读高一。近来感到学习压力很大，妈妈也因此很焦虑。于是，小洁主动地跟爸爸妈妈来咨询。

小洁一脸微笑，能很好地表达自己的感受。小洁说最近一个星期以来睡眠不好，每天晚上10点半就会上床，但是要到两三点钟才会睡着，一般会睡到6点。自己想学文科，又想进重点班，一共有9门功课要学，学习特别努力，感觉压力很大。自己是复读生，去年就读过一次高一。有一段时间严重失眠住院治疗，因住院时间长，学校要求复读，于是重上高一。最近又觉得睡眠不好，特别害怕再发生去年的情况，担心再次使用药物和住院。小洁很喜欢弹钢琴，觉得自己在弹钢琴的时候特别放松。小洁在班里没有要好的朋友，反而在初三年级时有一个经常沟通的好友，平时联系不多，怕打扰她。说到家庭，小洁面有难色，说他们有些矛盾。

心理咨询师与父母交谈。爸爸说到孩子的紧张是由于妈妈造成的，说妈妈对孩子要求很高。妈妈则直指爸爸，说是爸爸从来不与自己沟通，自己有很大的压力，有些就发到了孩子的身上。在诉说中，妈妈焦虑地哭泣，充满了多年的怨气，说："我觉得他从来就没有爱过我。"妈妈谈到了一个情景，在孩子4岁的时候，有一次三个人一起散步，孩子从他们中间走出来，把他们两个人的手拉起来。妈妈说女儿很懂事，自己很后悔，因为自己的很多情绪发泄在了女儿身上，自己控制不了。爸爸这时只是叹气："她在家也是这样的，没用的，说了多少次的，她很强势，说一不二，后来我就不说什么了。"

看看，夫妻之间的沟通模式形成这样一种僵化的状态，大家都不舒服。问题在于谁更愿意走出第一步?

本来说的是孩子的学习压力问题，怎么扯到夫妻沟通这来了?

学习压力问题常常伴随着自我评价。学习压力的背后是自我的成长，是自我置身于家庭，又置身于社会的成长。

高中生处在青春期成长重要整合阶段，这是一个分离个体化的阶段。这个阶段的孩子开始从心理上与父母分离。要知道这是一个在亲密关系中的分离，是一个相互分离的过程。这个过程不仅取决于孩子，更是取决于父母。

高中阶段，孩子已经更多地朝向外面世界了，学校中的师生关系和同伴关系成为影响孩子自我成长的首位因素，亲子关系的影响正在减弱。孩子能够明确地感受到学业和升学的压力，而老师和同学对自己的评价显然比来自家长的评价更重要。但是，就个案来说，如果家庭的因素没有解决好，亲子关系的影响仍然会大过社会人际关系的影响。

本文案例真实地反映了这种影响。小洁因严重失眠而休学，看上去是学业压力很大的原因。然而当触及家庭，问题清晰地呈现出来。

在孩子自我成长的重要阶段，父母要做的，并不是仅仅关注孩子本身。如果不能营造温暖理解的家庭氛围，没有建立好的夫妻关系，即便是长大的孩子也会走不出家庭。

妈妈因为爸爸对自己冷淡，把郁闷的情绪撒到女儿身上。小洁可以很清楚地描述母亲的心理感受，她知道妈妈很委屈，于是更多地依偎在妈妈身边。同时，小洁觉得爸爸也可以理解，有一种成熟的智慧，因此平时与父亲的沟通更好一些。女儿很了解父母两个人的心理感受，她希望通过自己的努力让父母和好起来。

看起来，女儿在努力做爸爸的老婆，做妈妈的老公。这是个很懂事的孩子，当她正在独立成长的时候，却放心不下难以释怨的父母，于是用生病来帮助父母改善关系。在这个家庭里，妈妈埋怨爸爸，爸爸远离妈妈，孩子在努力充当救世主的角色，结果反而成了替罪羊。

在孩子自我成长的重要阶段，父母要做的，并不是仅仅关注孩子本身。如果不能营造温暖理解的家庭氛围，没有建立好的夫妻关系，即便是长大的孩子也会走不出家庭。

# 身居处境不利家庭的孩子

琪琪是一个身材瘦削的女生，高二，英语科代表。她总是按时来老师办公室询问是否需要搬作业或其他事情。琪琪性格活泼，多才多艺，还是班里的文娱委员。在学习成绩方面，英语还行，其他一般。最近一个月看见她课上总在发呆，站起来回答问题也是答非所问，走起路来总是低着头，弓着背，一副心事重重的神态。

这天上课后琪琪来到办公室，突然说："老师，我能和您聊聊吗？我妈又打我了。"她说得若无其事，老师却心里一怔。从未听她主动说过家里的事情，看来一定家里发生了什么事。在老师的印象中，琪琪妈妈很关心女儿的学习，毕竟女儿马上就要面临高三，学习很紧张，压力也很大。有一次琪琪妈妈在一天的凌晨给老师发来短信，说了很多关于女儿和家里的事情。琪琪跟妈妈生活在一起，是一个单亲家庭。

"昨天妈妈下班很晚，说我写作业慢就开始抓着我的头发。我不敢哭，因为我越哭她就越生气。她觉得我哭是在反抗她，她认为我做错了事就不该哭。"

"你妈妈为什么对你这样？"

"我也不知道。我跑到卫生间，把门关上在里面哭，妈妈就在外面骂我。我当时拿着手机，录了音，你听听。"

手机里传出妈妈暴怒的声音："你跟你爸一个样！整天折磨我！就该打你！"

"她脾气一向很急。我爸和我妈已经离婚一年多了。我妈很倔，不要我爸给生活费。从前她一直在家里做家庭主妇的，现在她重新做起了会计，压力很大，经常很晚回家。只要我说错一句话，她看不顺眼就直接上来打。我真不明白，我的亲妈怎么对我有那么大的仇？”

“你妈的确心里压力很大的。你听出来了吗？她不是对你有仇，而是对她的老公有怨，她把对你爸爸的怨气都撒到你身上了。你是妈妈的女儿，就得多宽容和照顾她了。”

“老师，我知道，只是我现在没有人可以说话。我爸爸工作也忙，我不想每次都打电话和他抱怨。周末我根本不想回家。”

老师抚摸着琪琪的头，关切地说：“琪琪，你懂事了，这个事情很为难你，在学校，老师会帮助你。但是在家里，现在妈妈遇到了难处，她不知道如何应对，像孩子一样发脾气。现在，你要把妈妈看成孩子，而你是成熟的妈妈。你不能离开，要照顾这个家。”

在来深建设者子女的群体当中，我们不能不看到另一种问题家庭，对于孩子来说，这是一种处境不利的家庭。由于种种原因，这类家庭没有发展出健康的生活方式，处于一种社会劣势状态。跟那些严格要求孩子、过度关注孩子的家庭相比，这种处境不利的家庭显得更加糟糕。我们前面谈到的所有理念和方法，在这里统统失去了作用，甚至一切都在以构成伤害的方式进行。现在不仅是如何实施家庭教育的问题了，而是家长本身需要得到必要的心理辅导。

处境不利的家庭，常常是社会地位较低、经济收入较少、社会保障不佳、夫妻关系糟糕，甚或不如意的单亲家庭。身居处境不利的家庭，无疑会严重影响孩子的健康成长。

处境不利的孩子更会感受到生活压力。不如意的，甚至是窘迫的生活直接挤压着他们的身心。他们因此会对环境更加敏感，心理感受更多的是压抑和无奈。

处境不利的孩子在自我概念的发展上普遍低于同龄孩子。他们受到不利家庭处境的影响，自我感受消极，自我评价卑微，同时出现社交困难，自我效能感下降。

处境不利的孩子归因方式也有别于普通孩子。普通孩子多将消极的事件结果归因于外在的、暂时的原因。而处境不利的孩子则倾向于将积极的结果归因为偶然的、外部的因素，将消极的结果归因于内在的、自我的因素，面对生活困境，常有内疚、自责、无力感等体验。

本文案例中我们看到，琪琪妈妈仍然纠结着跟前夫的关系，并把这种怨转移到女儿琪琪身上。我们常常对这样的家庭感到无奈，眼睁睁地看着伤害一天天地发生。

面对这种情况，我们需要到家庭之外的学校或者社区寻求帮助。

琪琪是一个懂事的孩子，她感到无力应对家庭困境的时候，及时地寻求老师的帮助。而老师要做的是，在学校给予琪琪尽可能的帮助和支持，跟琪琪一起商量帮助妈妈的办法。琪琪上高中了，也懂事了，这时候需要让琪琪变得有力量。老师提出一个换位的思路：把妈妈当孩子，让琪琪做妈妈。看上去这是无奈之举，但常常是困境让孩子懂事，磨难让孩子早熟。既然无法逃离伤害，就把伤害当成一种成长的历练。

我们让家长看到这种案例，看到这种处境不利家庭对孩子的伤害，是希望每一位家长都能够努力建设好自己的家庭。家庭是一个命运共同体，在遇到问题甚至困境时，要不逃避、不抱怨，一起协力应对，可以让长大的孩子也加入，共同分担前行的风雨。

# 忽视给孩子带来的伤害

小君，一个毫不起眼的女生，高一。一天老师发现她居然在课堂上抄作业，于是制止她这样做。小君用不屑的眼神一撇说："能做你的作业就不错了。"老师感觉小君的表现有些不对，于是细心观察。小君平时独来独往，很少与同学交流，各科作业经常不完成，成绩也是班级倒数。近来上晚自习经常发呆，昨天晚自习，老师发现小君的胳膊上有一些明显的血痕。再一问，说是自己割的。

老师感觉小君心事很重，但又不想深谈，于是推荐小君来找心理咨询师咨询。

小君并不拒绝，她也很想找人交流一番。跟心理咨询师简单交流之后，小君第一句切入主题的话竟是："老师，我觉得活着很没意思。"

话出有因，小君的困惑并不在学习上。原来，小君家中兄弟姐妹较多，她有1个哥哥，1个姐姐，1个弟弟。她排行老三。家中除了她之外，其余都是香港户口。小君认为自己在家里简直就是一个异类。不仅如此，另外3个兄弟姐妹学习都很优秀。在小君看来，妈妈根本没把她放在眼里。特别是有了弟弟之后，什么都是先满足弟弟的需要，而且，还经常让小君来照顾弟弟。上周末回家时，妈妈无意中对她说："你会干家务活，生活方面比你哥哥姐姐弟弟强，就是学习上不去，将来家里养着你吧。"

就这一句话，让小君纠结得痛苦不堪。这样被妈妈无视、嫌弃，真是感觉人生灰暗无望。

家庭忽视孩子是一个比较普遍的问题。特别是在深圳这样以流动人口为主的城市更要引起关注。

忽视孩子是指抚养者疏于对孩子照料的责任和义务，在孩子成长过程中未能满足其身心发展需求，长期忽视孩子的基本需要，如忽视对孩子生活上的照顾、未能及时给予孩子关爱等。而孩子的心理感受更多的是自己可有可无，无足轻重。

这个问题整体情况如何？看一组调查数据：我国儿童青少年的忽视率，城市3—6岁儿童为28.0%；6—8岁小学生为28.8%；9—11岁小学生为27.2%；12—14岁初中生为22.4%；15—17岁高中生为32.8%。而农村儿童青少年的忽视率更高。

我们知道，早期依恋关系对孩子成长很重要，青少年时期父母对孩子的接纳和认同也很重要。而家庭忽视孩子则起到相反的作用，是影响孩子发育成长的常见因素，可对孩子的认知、社会情感和行为发育造成不良影响。特别是发生在婴幼儿时期的心理忽视，将会对孩子以后的发育产生更为严重的危害。

受到忽视的孩子会造成认知缺陷、社交退缩和内向等问题。被忽视的孩子常表现为反应消极、没有竞争性、缺乏主动性，还有一些被忽视的孩子由于得不到周围环境的回应，而渐渐性格扭曲，易自暴自弃。

在儿童青少年中，处于不良生活环境的人群，一般是容易受到忽视的重点人群。如单亲或离异家庭的儿童、有暴力倾向家庭的儿童、多子女家庭中的成长不利儿童、贫困家庭儿童、学习困难儿童、残障儿童、农村女童、全托儿童等。

本文案例中是一个多子女家庭中成长不利儿童的情况。小君已经上了高中，有了较强的自我意识，对于家庭中的问题有所觉察，愿意接受专业人士的帮助。我们提供帮助的思路是，给予小君充分肯定，让小君通过社会重要他人的眼光，看到积极自我的力量，修复对自我消极的甚至是扭曲的评价。同时，我们通过学校老师的特别关注继续这样做。凭借社会力量提供帮助的途径，来弥补家庭教育功能的缺失。

当然，我们希望家长看到忽视孩子造成的消极影响，在孩子童年时期给予他们必要的关爱，让他们感受到家庭的温暖，在教育的过程中尽量避免使用对孩子造成心理虐待或贬低的方式。对于多子女家庭，家长要尽量照顾关心到每一个孩子，让他们感受到公平的待遇，营造良好的家庭生活氛围。

# 经历挫折是一种心理免疫

小古在读高三，最近发生一件与物理老师冲突的事。物理老师讲考试卷，最后一个题较难。老师说，讲了你们也不懂。听了这话自然有好事的，小古接话了：老师你会你就讲讲。结果老师恼了：没本事不要挑事，有本事就拿成绩说话。小古自然心里别扭，想找人说说，找班主任没说成，后来就给妈妈打电话说此事。结果妈妈说让小古不要跟老师争辩。小古认为妈妈不理解自己，本来是这个老师没水平，还自视强大。

小古还有跟同宿舍的一个同学冲突的问题。那个同学夜里11点半了还在听音乐，小古说了两句对方就有些烦。然后小古就睡不着觉了，想着对方怎么说，自己怎么回击。

这里要问小古的问题是：为什么对老师攻击自己的话这么在意？为什么你让物理老师影响自己？

物理老师这样说话应该是他的个性特点。即是说，他跟谁说话都是这样，尽管你有些不喜欢。如果你知道他是怎样的人，你说话时完全可以用对方能够接受的语言。比如说：这道题我不会，老师可以讲给我们听听吗？这是用调整自己的方式来改善人际关系。

有时候人际冲突本身就是解决问题的一种方式，人际关系并不都是和谐的。小古跟室友的关系如果正常地协商不能解决问题，不妨态度强硬一些，向对方宣布自己的底线。这样使得大家都保持一个合适的距离。

小古在初中阶段跟老师也发生过冲突，而且感到这些冲突让自己心理很受伤。这次跟物理老师发生冲突，跟室友发生冲突，又让他有一种挫折感。这种心态怎么调整呢？

高中阶段有一个重要的话题是如何面对挫折。

进入高中也意味着个人生活环境和生活节奏的改变，有的学生离开家庭，开始寄宿到学校集体宿舍生活。从这个阶段开始，孩子要学会照顾和管理自己，学会与他人相处。在学习上，高中的课业压力远大于初中，而且周围的同学也都是从各学校选拔过来，孩子会感到竞争的压力很大。孩子长大了，开始有了自己追求的目标，也懂得成长的事情需要自己去面对。所有这些，都要自己努力去获得，但很多时候并非顺遂心愿，因而容易产生不如意的挫折感。

有些父母对孩子爱若宝贝，小时候就照顾得无微不至，很好的依恋，很好的安全感，孩子成长得顺风顺水。这样的父母有一个完美的想法，他们自己吃过的苦，不能再让孩子吃；他们自己没能实现的愿望，要让孩子替代自己来完成。于是他们替代着孩子成长，帮助孩子排忧解难。问题的关键是，在孩子分离个体化的青春期，父母仍然在这样做，那么孩子心理就会仍然处在一个不能分离的状态。这样的孩子觉得顺风顺水是理所当然的，有困难父母会帮助自己解决。可是，这只是一个父母保护下的脆弱梦境，会在成长的现实中破碎。

人的身体有一个免疫系统，能够有效地抵御病菌、病毒等对机体的入侵，从而使身体保持健康状态。当我们身体不适、当我们生病时，我们的身体感应到抗体，就会免疫得过的病。人的心理也需要有一个免疫系统，使心理能够在现实生活中保持相适应的健康状态。而不断地经历挫折，就是在不断地获得心理免疫力，同时也在获得对现实世界的认知。当然，挫折要适度，有利于孩子建设性地自行修复和成长。

我们一直在强调孩子的早期成长，强调早期的依恋和安全感，孩子成长的早期家长要做足够好的父母。这给家长一种误导是父母一直要为孩子做得足够好。现实是，随着孩子的长大，没有人能够为孩子持续提供一个足够好的环境。父母已经无法满足孩子的更多需求，而且，也不应该由父母来满足家长把握的分寸是给孩子做够好的父母，而不需要做足够好的父母。

孩子所经历的每一个适度的挫折，都可以帮助孩子更清楚地认识现实、接受现实，并能够发现自己的不足、激发出克服困难的努力，认清自我的边界，成长出更多的能动性、创造性，以及意志力。

孩子的更多需求。孩子在长大过程中需要建立规则意识，建立规则的过程是在体验各种挫折感中完成的。家长把握的分寸是给孩子做够好的父母，而不需要做足够好的父母。够好的父母是给孩子提供适当的成长条件，然后要让孩子自己去面对生活中的更多挑战与挫折：我能帮助你的就这么多，你的更多需求需要你自己去争取。当然我会一贯地关注你，支持你。

体验挫折感对于自我成长有非常重要的作用。如果没有挫折，如果所有需求都能满足，孩子自我会一直膨胀，他会觉得天下都是他的。挫折感让孩子体验到自我的边界，即使是妈妈也不能随便满足你，妈妈并不是自己的一部分，她是自己之外的另外一个人。这个世界是一个充满关卡的世界，你不能随便就去到哪里和得到什么。你有梦想、有目标，要克服障碍去自己争取。孩子所经历的每一个适度的挫折，都可以帮助孩子更清楚地认识现实、接受现实，并能够发现自己的不足、激发出克服困难的努力，认清自我的边界，成长出更多的能动性、创造性，以及意志力。

本文案例中的小古从初中阶段就经历一系列的挫折事件，这些经历一度让小古有些怀疑自我，父母也担心给孩子造成心理伤害。注意这一点，可能正是父母的担心让孩子感觉自己受到的伤害更加真实。

“你担心我受到了伤害，我要证明你的担心是对的，因此我会更能得到你的同情。”

孩子在生活中经历了挫折，父母除了要给予关注之外，还要给予正向的反馈，让孩子从挫折中获得成长。换一个角度考虑，人生的经验就是这么积累的，经历了挫折恰恰是增强了自己的心理免疫力，教会了自己如何与人交往。自我就在这个过程中得到成长。

# 必须经历的丛林体验

大林，长得清瘦高挑，发型比较潮，穿着也很潮，感觉不像中学生，倒有几分外面闯世界的成熟。大林说是自己想来找心理咨询师聊聊。

大林家中有一个姐姐，现在上大学；一个弟弟，现在上一年级；他是家中老二。大林小学至初中在深圳读书，他认为自己初中的时候是个坏学生，打架、抽烟、喝酒之类的事情都做过，就是不想学习。后来父母把大林送回老家县城独自生活，给他刚刚够的生活费，半年的时间就忽然开窍了。

回到深圳后，大林复读一年初三，成绩还算可以，上了一所私立高中。在学校里自己尽量努力做一个好学生，还是学生会的部长。最近考入了重点班，成绩变得好起来，自己很想变得越来越好，努力去考大学。

但是，感觉自己基础还是差太多，考大学心里没底。考不上大学会去哪？心里很不确定。每天心里有些慌慌的。将来哪个专业适合自己也不清楚。

在学校感觉是很主流的好学生，可是离开学校，自己就喜欢跟社会上的一些好朋友交往。虽然都没有做什么坏事，但总感觉好像不怎么好似的。

父母对自己的要求不是太高，也都能基本满足自己的需求。比如自己很喜欢摩托车赛车，需要许多费用，父母一般还是支持的，因此有装备自己的摩托车赛车，但自己就觉得如果赛车被摔坏了，需要维修，父母给钱不是那么痛快，自己也就懒得去修，也就不去赛车了。自己觉得真的有很矛盾的心理。这个赛车活动是自己非常喜欢的，从中得到了乐趣，还交往了一批“同道中人”，让自己开阔了眼界。但也担心因此会荒废学业，自己是否还需要坚持。总之，对自己的未来感到有些迷茫。

到了高中阶段，对于有些孩子来说，犹如进入了人生的丛林。你看得见天空，却看不清前行的路。你看得见天边的目标，却不确定能不能到达那里。前行的路需要自己去披荆斩棘，却不确定应该朝哪个方向前行。周围的人都是跟自己一样的探索者，而每个人的探索装备却各不相同，因而你不能简单地随人而行。你感到一切都只能靠自己了，而自己好像一切都没准备好。丛林中充满了不确定因素，丛林中还有看不见的陷阱，而你又不得不在丛林中前行。

有些孩子想尽快弄明白这些不确定因素：我想要什么？我该往哪里去？我有没有能力去往想去的地方？一切都在以倒计时的方式进行。到高三，必须要给自己一个明确的答复。

有些父母为孩子成长的不确定性焦虑，急着要为孩子的成长进行规划，你不知道朝哪里走，就按我们的“丛林导航仪”走；有些父母为孩子的任性想法担忧，强意要干预孩子的荒唐念头，你现在就想创业，不再读书？你将连这丛林都走不出去！

怎么办？父母怎么成为孩子穿越丛林的支持力量？

其实我们看到，人生本来就充满了不确定，如果说高中阶段是穿越丛林，不如说，人的一生都在穿越丛林。有心理学家在《科学》杂志上发表了一篇研究论文，他们发现人极其不擅长预测自己的未来。他们的研究显示，20岁的人对于自己在未来十年会有多大变化几乎没有概念。其实我们明白，正是因为人生充满不确定，前程才充满诱惑，努力才凸

正是因为人生充满不确定，前程才充满诱惑，努力才凸显价值。

显价值。

不过，我们拥有工具来面对人生的不确定性，帮助孩子成就自己的人生。

有两个特质与成功的人生相伴：智力和意志力。我们都拥有正常人的智力，而真正导致人生成长巨大差距的是意志力。我们在这里再一次提到了意志的力量。人可以提高自身的意志力。孩子在学校完成学业任务需要意志力，同时也在培养和提高意志力。

人的能力需要意志力来维持和提高。如果不积极培养和锻炼意志力，人的能力会像肌肉一样出现萎缩。

有一句常理：努力了不一定成功，但不努力一定不会成功。也就是说，我们只能选择努力，但在努力过程中会遇到挫折和失败。战胜挫折和失败的唯有百折不挠的意志力。

面对人生诸多不确定性的因素，父母要选择相信自己的孩子，告诉孩子，人生没有预备好的标准答案。要鼓励孩子对未来抱有希望；在丛林中无所畏惧地探索；以坚定的意志力持之以恒地前行。

我们会感到人生的确无常。我们控制不了那些不由我们意志决定的东西。我们可以控制的，唯有我们自己。我们不必过分地向外用力，控制好自己就足够了，这是成长中真正重要的事情。

我们不必过分地向外用力，控制好自己就足够了，这是成长中真正重要的事情。

孩子面对不确定的人生丛林，很需要一些确定性的因素作为支持，构成在不确定中探索的安全感。这些内心的确定性因素，仍然是来自家庭。父母比孩子更应该理解世界的不确定性，知道不确定的世界不由自己控制，与其无奈的焦虑，不如坦然的平静。父母知道能控制的只有自己和自己的家庭，而构成一个稳定温暖的家庭氛围，对于孩子来说比什么都重要。

孩子到了高中阶段，成长的不确定恰恰成为孩子自我发展的动力，他有无限发展的可能。孩子成长的困惑主要由孩子自己去排解，或者说，他需要在一种困惑的状态下成长。很多时候父母不需要介入，温暖地陪伴就够了。不要幻想去控制孩子。

# 关系中的意义追求

达达，在读高二。母亲说孩子不想学习，有厌学情绪。孩子从初中开始，学习就没有什么目标，也不快乐，不爱学习。但是他知道要学，学得有些吃力。初中成绩还可以，中等，在年级200名以内。中考填志愿的时候，和他要好的几位朋友都填了高级中学，他也跟着报，但是他那时候的成绩预测是达不到的，经过两个月的努力，他最后还是考上了。

这让母亲很欣慰，兴奋之意溢于言表：孩子很聪明、学习能力很强，看问题很冷静，观点很独特。但是上高中后，达达成绩下降很快。母亲了解到的情况是，达达上课散漫，不爱听就睡觉，行为习惯不好，做作业有些拖拉，主动学习不够，学习目标有些茫然。还有，同学关系也不融洽。

达达很在意同学说自己什么，其实也觉得没什么，就是心里不舒服。比如：同学取笑他的名字，心里就很冒火，有时候很想跟这些同学打架，内心憋得难受。有一种想逃离这种环境的心理，甚至自己都动摇考大学的心思。

达达小时候和妈妈在老家生活，父亲先到深圳。直到五年级时候，达达和妈妈来到深圳与爸爸一起。达达和母亲感情非常好，在情感上很依赖母亲，什么话都愿意和母亲说，和父亲感情就疏远些。母亲说小时候对达达的教养比较宠溺，但较少带他出去玩，接触人少一些。现在的达达说话很直，总想表达自己的观点，不大顾忌别人的想法。有一次在课堂上跟老师争辩，搞得老师上不了课。有时候跟同学说话也很冲，同学们都不大喜欢跟他在一起。

达达初中的时候，家里发生一件事，达达发现爸爸和妈妈在狠狠地吵架。之后，爸爸很长时间不跟妈妈说话。细心的妈妈发现，达达经常一个人发呆，而且，还不时地冒出一些学习不学习有什么意思的话。

达达上了高中之后，发生另一件事。达达跟班里的一名感觉不错的女生谈起了恋爱，结果没几天就告吹了，这让达达很有失落感。尽管妈妈跟达达推心置腹地谈过，还是发现达达的情绪开始变得有些失魂落魄。

近来，达达时常问妈妈一些莫名其妙的问题。

有一次达达问妈妈："我是你的孩子吗？"妈妈说："是啊，这个问题好奇怪。"达达又浸入沉思了："如果我是别人家的孩子会怎么样？"妈妈说："哦，我知道你想什么了。你在想你是谁。"

又有一次达达问妈妈："高中的课好没趣，我不知道我学这些东西干什么。"妈妈说："哦，你还不清楚你将来做什么。"达达说："我想做一些自己想做的事。我想搞动漫，想设计大厦，想周游世界，想自由自在地生活。总之什么都想，就是不想这样上课。"妈妈说："你还没想明白自己该怎样生活，这个要慢慢来。"

其实妈妈心里挺急的，达达心里没有目标，学习起来很茫然，每天生活也不快乐。而且，好像家庭冷战的氛围也在影响着达达。

寻找自我的意义，或者说，寻找发展方向，这个话题在高中阶段显得愈加迫切，因为孩子必须要为自己三年后的发展做出选择。这种选择不是自己想怎么样就怎么样，而是受到自我意愿、自身能力和外界现实的诸多限制。

研究发现，仅初中生就有多于40%的人开始考虑自我问题，思考诸如"什么东西对我最有价值""人活着是为了什么"等。进入高中阶段以后，随着自我意识的发展，认知能力的提高，以及很快面临职业选择或专业选择等问题，更多的高中生开始考虑自我的价值观和人生观的问题，并感知到了诸多现实的限制因素。

很多人生活在自己的精神困惑中，他们明白追求梦想对于生命的意义，但不知道自我的生命目标在哪，同时还对追求过程的重重迷障怀有恐惧。

尼采说："人惟有找到生存的理由，才能承受任何境遇。"尼采所说的"生存的理由"，就是人们常说的人生的理想或自我的意义。如果一个人不给自己的生活找出一个意义，看不到可以追求的梦想和希望，特别是当他感受到自己生活在压力和困境中，且自己无能为力时，他就会产生一个消极的念头：我这样生活干什么？

高中生面临着日益加重的学习压力，有些孩子在背负压力的喘息中会冒出这样的想法：我为什么要学这些？我学这些有什么用？孩子需要给自己如此努力地活着一个有价值的解释。这个有价值的解释必然与自己的未来密切关联。

不过，寻找自我意义这个话题，对于有些高中生来说还是有些缥缈。有些孩子感受的具体问题是：我在家里就像一个多余的人，活着真没意思；我的家就像一个冰窖，生活很无聊；女朋友居然不理我了，活着真没劲；老师根本就看不上我的成绩，这让我怀疑未来。

仔细分析发现，人们在谈到寻找自我意义的话题时，却总是与他人关联。

我们深切地感悟到，人与人之间的关联性是人生意义的基本因素。

生命是否有意义，某种程度要看人与人建立关系的深度，人在通过与他人的深度联系进行着对自我意义的探索。这个有现实意义的话题有两层含义。

一层含义，是我们通过为他人做有益的事情而形成与他人深度的关联，这让我们感受到自己是有价值的，这本身就体现了生命的意义。我们寻找的生命意义并不遥远，多数情况就是要找到这样一种事情做，这种事情对社会、对他人有

人与人之间的关联性是人生意义的基本因素。

生命是否有意义，某种程度要看人与人建立关系的深度，人在通过与他人的深度联系中进行着对自我意义的探索。

益。我们在各种行业所从事的各种工作就是这种性质。

另一层含义，是我们通过与他人进行各种交流来获得对于自我的概念，形成对自我价值的判断，而人的生命意义感，在很多时候来源于我们的自我价值判断。我们一方面寻求自己愿意投身什么事情，一方面更要觉察自己能不能做好那件事情。或者说，生命的意义感在于自我价值的实现。

自我是在关联他人中存在的，没有关联他人意义的自我，自我的意义便受到质疑。

我们越来越看得清楚了：自我是在关联他人中存在的，没有关联他人意义的自我，自我的意义便受到质疑。在别人这面镜子里我们会看见自己。在和你相遇相知时，我遇到了我自己，也认识了我自己。这一点有助于我们获取丰富的生命意义的感受。

当人在与他人的交往中遇到挫折时，他会怀疑自我的价值，即会怀疑自我存在的意义。就如前面所说，如果感觉到自己在家里像一个多余的人，自我的感受就是活着真没意思；如果感觉到自己家像一个冰窖，自我的感受就是生活很无聊；如果感觉到女朋友居然不理我了，自我的感受就是活着真没劲；如果感觉到老师看不上我的成绩，自我的感受就是怀疑自己的未来。

评估自我的价值，寻找自我的意义，都是在与他人的关系交往中进行的。探寻自我的意义，是在关系中的追求。

所以，评估自我的价值，寻找自我的意义，都是在与他人的关系交往中进行的。探寻自我的意义，是在关系中的追求。

这个道理是说，作为家长，更好的做法是欣赏和鼓励孩子，发现和欣赏自己孩子的独特性所在，让孩子积极地认同自己的价值。如果可以做到，家长最好能够以自己的人生经历跟孩子进行一些深度的交流，让孩子有更大的胸怀和格局，至少放眼十年预测自己的发展。在这个问题上，父母自身的格局又显得重要了。好了，父母不能干预太多了，接下来寻找自我的意义是孩子自己的事情。

高中阶段的孩子到了自己对自己负责的时候了。没有人能够代替我们生活，只有我们自己才能赋予生命存在的意义。首先有了自我，然后才有生命意义的感受。而自我认识依赖于和别人的交往，以此达成深刻的自我觉察。

无论我们采用什么样的心态看待世界，我们的最终目的只有一个，那就是让自我的生命活出精彩，不断提升自己的生命层次，成就自己的生命愉悦。

把我们的内心世界以外部形态的方式表达出来，这是我们体验生命意义感的极为重要的过程。即是说，我们要做的不是停留在想法上，而是付诸实践。我们按照自己的想法做好了某件事情，就是得到了自我的外部形态的表达。对于一位建筑师来说，那些他设计的大厦就是自我的表达；对于一位教师来说，那些他培养的学生就是自我的表达；对于一位作家来说，那些他完成的作品就是自我的表达。

所以，让孩子要做的不是停下来追问困惑，而是放开脚步去探索，去实践。

这里还有一个具体的问题。高中的孩子还没有关于未来的想法，不知道自己将来干什么，即不清楚自己关于生命的意义。怎么办？

父母帮助孩子要做的是：让孩子在探索中跟自己的困惑在一起，意识到自己并不清楚自己生命的意义是什么，和“这个事实”在一起，不离开它。你只要让自己待在那里，生活中关于生命意义的各种信息会在困惑中进行整合，答案会在某一天清晰起来。

这个探索的时间可能会较长，甚至有些人读完大学之后才知道自己所学专业不合适，重新选择另外的专业学习。

首先有了自我，然后才有生命意义的感受。而自我认识依赖于和别人的交往，以此达成深刻的自我觉察。

我们的最终目的只有一个，那就是让自我的生命活出精彩，不断提升自己的生命层次，成就自己的生命愉悦。

把我们的内心世界以外部形态的方式表达出来，这是我们体验生命意义感的极为重要的过程。

这不仅仅是改学另一门专业，更是探索自我的过程。不要认为这是人生的浪费，人生没有白走的路，每一步都算数。

因为，人的一生都在进行自我意义的探索。

# 让孩子成为他自己

小秀，长相清秀，高二。因感觉学习压力大，不适应学校生活作息一年余，请假在家不上学3周。父母实在无计可施，双双拉着女儿前来咨询。

小秀从小性格较为文静内向，学习成绩一直都名列前茅，家长和老师都认为，按照当时的发展势头，应该可以考上深圳市的一流中学。初三之前的暑假，小秀到澳大利亚游学一个月。她非常喜欢当地的学校氛围，认为他们的学习压力不大，同学之间相互尊重容易相处，总之非常适合自己。

小秀回国后经常向父母表示希望出国读书。其实父母的本意是让孩子开阔眼界，等在国内大学毕业再去国外留学不迟。谁知这次游学经历让小秀眼界开得跑了偏。

之后，小秀一直对学校教育方式表示不满，上课经常故意不听老师讲课。由于初三的课外作业特别多，小秀往往要到凌晨才能做完作业。后来干脆就不做作业了，因此班主任及任课教师颇有微词。初三下学期小秀提出要回家自己复习参加中考，父母经劝告无效，只能与班主任协商同意小秀在家里复习了一个月。结果小秀的中考发挥不太理想，只考上一所公立普通高中。父母认为，由于小秀在家中自己复习导致中考发挥失常，但小秀坚持自己复习效率比在学校高，如果一直留在学校学习的话，可能连普通公立高中都考不上。

进入高一后，小秀开始住校学习，一个宿舍里住了8位同学。小秀和同学关系一般，虽然觉得勉强和同伴交往也可以做得很好，但是不喜欢和别人走得太近，所以没有特别要好的朋友。宿舍的同学们形成一些圈子，圈子内的同学在生活上及学习上互相抱团合作。如果作业太多，她们就会分工各做其中一部分，然后互相抄袭，因此作业完成得很轻松。而小秀不屑于和她们“同流合污”。

还有，小秀觉得现在的教师水平很差，大多是刚刚毕业的大学生，上课只会念课件，所以她上课基本不听。最近她作业也不愿意做了，学习压力越来越大，觉得有些跟不上了。

请假前的一次考试，小秀很多题做不出，感到很绝望，当场撕掉考卷，监考老师很是惊讶，赶紧通知家长。之后，小秀不肯上学了，打算自己在家学习，不参加高考了，准备将来参加自学考试。家长急得团团转，宽限一步：希望她坚持在学校完成高中学业，参加高考后再考虑出国留学，但是仍然谈不拢。

矛盾很快升级了，每次家长和她商量回校学习的事情就会争吵起来。小秀振振有词地说：“老师让我们做最好的自己，我就想这么做，我这样做就是最好的自己，怎么不行？”

这算什么最好的自己？妈妈不知道这是哪学来的谬论，越加担忧了。想起来小时候有4年时间小秀跟着外婆生活，后来跟妈妈在一起生活。但是小秀跟妈妈的关系总是有些夹生，性格倔强，妈妈说话也不听。都说早年家庭生活会影响孩子成长，这已经形成影响了，怎么办?

小秀很崇拜父亲，父亲是软件工程师，很聪明，几乎什么都会。父亲也很宠爱小秀。小秀经常会贬低母亲，说母亲很“笨”，开车等什么都不会。小秀从小就很有主意，平时遇到事都是放在心里，想出办法或有了结果才通知父母一声，很少与父母沟通或商量。

问题浮出水面：怎样让孩子成为他自己？怎么做才是最好的自己？

先看看两段受到热捧的名言。一句来自台湾作家张德芬的话：“亲爱的，外面没有别人，只有你自己。”一句来自百岁老人杨绛的话：“我们曾如此期盼外界的认可，到最后才知道：世界是自己的，与他人毫无关系。”

这两段名言很让人脑洞顿开，被催眠一样认同。在我们自己被世界上的他人纠缠得无法摆脱时，终于可以这样释然了自己。

问题是，你真的认为这个世界只是你的主观投射？你真的可以做到这样让心生活在一个与他人无关的世界里？当你如此释放自己的时候，有没有感觉自己像一只把头插入沙丘的鸵鸟？

其实，人们都能把握好这两段话的分寸，没有人会因此自顾自地赤身裸体走上大街，也没有人会因此自顾自地放肆睡觉上班迟到。

杨绛先生说这句话还有一层意思：到最后才知道，即是说到岁暮时才可以这样认为，是说你已经通过与世界建立的关系，完成了完整自我的成长之后才可以这么说。你不会认为我们现在就可以这样想了吧？如果你是一个16岁的少年，你动动这个想法试试！你敢说你的世界与他人毫无关系？

这个世界并不需要谁，缺了谁都没关系，但是每个人都需要这个世界。每个人自己的世界都在我们共同的世界中。

比“你的世界与他人毫无关系”更容易接受的是“你的世界与他人有关”。也看两段名言。

鲁迅在《这也是生活》中有一段话：“街灯的光穿窗而入，屋子里显出微明，我大略一看，熟识的墙壁，壁端的棱线，熟识的书堆，堆边的未订的画集，外面的进行着的夜，无穷的远方，无数的人们，都和我有关。”

英国玄学派诗人约翰·多恩在《没有人是一座孤岛》中有一段话：“没有人是一座孤岛，可以自全。每个人都是大陆的一片，是整体的一部分。如果海水冲掉一块，欧洲就减

我们是这个世界的一部分，我们探索的自我，是与这个世界有着密切联系的自我。

小，如同一个海岬失掉一角，如同你的朋友或者你自己的领地失掉一块；任何人的死亡都是我的损失，因为我是人类的一员。”

上面这两段话更接近常识。

我们是这个世界的一部分，我们探索的自我，是与这个世界有着密切联系的自我。我们每一个人的生命细胞中都携带着数十亿年生命进化的信息。

我们探索自我的过程，是自我与这个世界的修通，而不是与世界割裂的自我。

我们不是在向内探索，而是在向外探索的同时感悟内心的声音。探索自我的最高境界是自我与世界的融合。

当我们真正发现了自我，找到了自我，那么我们也找到了世界。这是一个真正个体化的过程，让自己的成长趋于完整，让自己的个性特质得以张扬，同时，融入这个世界。

所以，亲爱的，我们都在外面的世界里。这个世界里有无数个别人，也有你自己。做最好的自己，是做社会人意义的自己，是做与世界融合的自己，是在学习成为他人之后，再努力成为自己。我们每一个人的自己，已经包含了无数他人的成分。

像案例中的小秀那样，不考虑外界因素，脱离现实地想干什么就干什么。那只是一种任性，不是做最好的自己。

我们讨论了太多的原生家庭生活影响孩子成长的话题，以至于当我们真的认同了这种影响，反而感到无能为力了。因为这种影响已经形成了，不能倒回去了，现在孩子的问题如何解决？孩子能否摆脱家庭的负面影响？孩子如何成为更好的自己？

我们探索自我的过程，是自我与这个世界的修通，而不是与世界割裂的自我。

我们不是在向内探索，而是在向外探索的同时感悟内心的声音。探索自我的最高境界是自我与世界的融合。

当我们真正发现了自我，找到了自我，那么我们也找到了世界。这是一个真正个体化的过程，让自己的成长趋于完整，让自己的个性特质得以张扬，同时，融入这个世界。

我们继续完成对于孩子成长规律的理解：孩子最终会变成什么样子，不仅取决于家庭环境，还取决于孩子自身的成长因素和家庭之外的社会环境。

我们知道，原生家庭对孩子的影响早在孩子出生之后就开始了。有时孩子无法理解自己性格中的某些部分，就是与孩子早年记忆的缺失有关。长大的孩子并不能记起自己在襁褓中的环境情景，但那些关于爱与安全的感受会浸入孩子的心底，影响孩子之后的人际关系。在孩子有比较清晰的记忆之后，在孩子人格没有完善之前，原生家庭依旧会影响孩子。父母感情有问题、控制欲过强、习惯暴力管教等，会成为一种慢性因素的影响。

在追溯了解了这些问题的根源之后，恰恰能够从根源上化解我们内心的创伤。

就像大海中的暗礁，当我们确知了它们的位置，它们便可以不再成为航行的障碍。

对于家长和孩子来说，我们帮助他们清晰了问题所在，就已经完成了有效的辅导。从此孩子可以调动自身的成长力量，有意识地改变自己，用自己的眼睛看世界，学会更好地融入社会，在融入社会中继续发展和完善自己。对于家长来说，他们自己清晰了问题所在，从此，他们会愿意努力构建和睦家庭，注重关系影响，陪伴孩子一起成长。

孩子最终会变成什么样子，不仅取决于家庭环境，还取决于孩子自身的成长因素和家庭之外的社会环境。

让孩子成为他自己，这个话题还需要做一些现实意义的讨论。比起让孩子成为自己更直接的指标是让孩子取得学业的成功。很多家长愿意看到孩子学业的成功，甚至认为学业成功就是让孩子成为自己，而且，更好的学业成功就是成为更好的自己。这有什么问题吗？

我们来看一个令人深思的调查。这个调查是北京大学心理健康教育与咨询中心副主任、临床心理学博士徐凯文做的，其结果让人有些惊惧。

北大一年级的新生，包括本科生和研究生，其中有30.4%的学生厌恶学习，或者认为学习没有意义；还有40.4%的学生认为人生没有意义。他们认为现在活着只是按照别人的逻辑这样活下去而已，其中最极端的就是放弃自己。

这些学生的共同困惑是：我不知道我是谁，我不知道我到哪儿去，我不知道自我在哪里，我觉得我从来没有来过这个世界，我过去19年、20年的日子都好像是为别人在活着，我不知道自己要成为什么样的人。

这个调查结果让我们学校教育工作者反思，也让我们家长反思。当我们还在把考上名校作为奋斗目标，还在为孩子考上北大、清华而百感交集地庆贺庆功时，我们有没有想到，我们因此可能付出的代价。

当把升学作为目标的教育推到极致，它的问题会出在哪里？

北大，是中学生心目中大学的象牙塔；北大学生，是中学生心目中的天之骄子。为了考上心目中的北大，他们像百米冲刺一样拼尽全力，把全部精力集中在高考上。这个时候谈论探索自我近乎不识时务。而且，你以为只是他们自己在拼吗？

他们的动力更多地来源于学校老师和家长的欣赏、鼓励。所以他们非常在意别人对自己的看法，似乎这一切都是为家长和老师而做的。

而当他们百米冲刺到了终点，当曾经相伴的重要他人远离身边，当前行的新目标一片茫然，他们开始面对无法逃避的自己，尚未解决的如何成为自己的问题强烈地撞击内心。

如何成为自己、探索自我的意义是一个人生的课题，中学阶段不去面对，这个问题迟早会在后面的人生征途中横在路端。因为，人生的路要自己走。

完成学业与成为自己并不矛盾。正相反，它们是孩子成长过程中相辅相成的重要任务。我们应该秉持的理念是：孩子的成长是一个完整生命的成长，要让孩子成长为一个完整的人。孩子的成长不能过于偏颇，过度地投注于学业，必然要付出其他方面的代价。

成为自己，成为完整的自己，是孩子的一个人生成长的使命。

## 拓展阅读

### 婴儿到青少年期的发展阶段一览表之青少年期（13—20岁）

| 情景中的自我理论观点 | 艾里克森的心理社会发展观点 | 潜在的问题 |
| --- | --- | --- |
| 本阶段的任务是确立同一性，继续寻求自我，平衡关注自己与关注他人之间的关系。主要的发展任务有：应对快速变化的身体以及外形、学会自我管理、建立性别认同感、发展出有关生活的价值体系、学会处理亲密关系、加深对于自己和他人之间联系的理解。 | 青少年期：<br>这个阶段是形成自我认同的关键时期。这个阶段的主要任务有：澄清自我认同感、澄清生活目标和意义。个体要把来自身体以及来自社会的变化加以整合。而主要压力来自于学业、职业选择、形成亲密关系，还有为未来做准备。<br>主要冲突：自我认同对角色混乱。<br>核心品质：忠诚。 | 这个阶段青少年可能出现同一性危机。他们在压力、需求以及混乱中容易迷失自己，角色混乱一旦发生，青少年就会在未来的几年中失去目标感。而如果缺乏稳定的价值观体系，他们就很难发展出成熟的、可以引导其生活的价值体系。 |

注：本系列一览表摘自《心理学与个人成长》，（美）Gerald Corey，Marianne Schneider Corey著，中国轻工业出版社，2007年版

### 16—18岁年龄段的家庭教育指导

1. 16—18岁儿童的身心发展特点

16—18岁的儿童经过青春期的迅速发育后进入相对稳定时期。其身体生长主要表现在形态发育、体内器官的成熟与机能的发育、性生理成熟等方面；在认知方面，儿童认知结构的完整体系基本形成，抽象逻辑思维占据优势地位；观察力、联想能力等迅速发展；情绪情感方面以内隐、自制为主，

自尊心与自卑感并存；性意识呈现身心发展不平衡的特点。

2. 家庭教育指导内容要点

（1）引导儿童树立积极心态，尽快适应学校新生活。指导家长引导儿童树立健康的人生态度；经常与儿童沟通交流，掌握儿童的学习情况、思想动态；经常与学校联系，了解儿童可能遇到的适应问题并及时提供家庭支持。

（2）引导儿童与异性正确交往。指导家长根据该年龄阶段儿童个性特点，引导儿童积极开展社交活动和正常的异性交往；利用日常生活的相关事件，适时适当适度开展性生理、性心理辅导；对有"早恋"行为的儿童，指导家长学会提供经验参考，帮助儿童提高应对问题的现实处理能力。

（3）引导儿童"学会合作、学会分享"。指导家长通过召开家庭会议等形式，与儿童一起平等、开放地讨论家庭事务，并共同分担家庭事务；鼓励儿童在集体生活中锻炼自己，让儿童品尝与人合作的快乐；鼓励儿童积极参与社会实践活动，在活动中学会乐于与人相处、勇于承担责任。

（4）培养儿童做一个知法、守法的好公民。指导家长加强法律知识学习，掌握家庭法制教育的内容和方法，努力提高自身法制意识；注意以身作则，自觉遵守法律，为儿童树立榜样；与儿童建立民主平等的关系，切实维护儿童权益。

（5）指导儿童树立理想信念、合理规划未来。指导家长引导儿童从小树立社会责任感，树立国家意识；与儿童共同协商规划未来，并尊重和鼓励儿童进行自主选择；从儿童实际出发，不断调整自身期望；引导儿童学会将理想与现实的奋斗相结合。

（6）引导儿童树立自信心，以平常心对待升学。指导家长在迎考期间保持正常、有序的家庭生活，科学、合理安排生活作息，保证儿童劳逸结合，身心愉快；保持适度期待，鼓励儿童树立自信心，以平常心面对考试；为儿童选择志愿提供参考意见，并尊重儿童对自身的未来规划与发展意愿。

注：本系列家庭教育指导内容摘自《全国家庭教育指导大纲》，妇字〔2010〕6号文件。

# 后记

Postscript

区区10余万字，一本努力接近科学性常识的家庭教育簿册。

然而，看似微薄做来厚。这本小书的背后是20年的专业积淀，10年的文字积累，1年的面壁墨攻；还有逾千万字的参考阅读，逾千例的学生咨询实践，逾百场的家庭教育讲座。孩子的成长事关百年大计，不敢有半点怠慢。

成稿之时，满怀深深的感恩之情感谢很多人。

感谢带我走进心理学殿堂的北京师范大学心理学院郑日昌教授。

感谢引我踏上事业征程的广东省现代教育研究院张彦玲院长。

感谢扶我上“战马”的深圳市教育局前局长张宝泉博士。

感谢给予我工作支持的深圳市教育科学研究院叶文梓院长。

感谢给予我专业支持的广东省心理学会心理健康专业委员会主任、深圳大学心理与社会学院王晓钧教授。

感谢多年来共事专业的深圳市家庭教育指导中心王秋英副主任和许多一起从事心理健康教育的同事：刘曼芸、吕军、刘道溶、石红梅、蒋平……

在过去的一年里，深圳市原点心理研究所面向龙岗区民办学校实施了一项主题为“来深建设者子女心理关爱”的公益项目，这为本书的撰写提供了丰富的鲜活素材。感谢为本项目提供资金支持的深圳市社会公益基金会；感谢为本项目开展给予活动支持的龙岗区心理教研员张瑞波老师；特别感谢为本项目开展和本书撰写给予专业支持的深圳市卫生健康发展研究中心何胜昔博士。

感谢生活相依、事业相伴的妻子王光晨女士。她是精神医学副教授、深圳大学师范学院硕士研究生校外导师、深圳市心理咨询师专业委员会副主任。

还要特别感谢深圳报业集团出版社编辑室主任彭春红女士。当她跟我谈这本书出版动因的时候，我还没有完整的框架构思。这本书要考虑多种因素的整合，我需要在写作中完成架构。然后，很长一段时间里，我只是笃定地默默写作，她只是信任地静静等待。

在我终于交稿的2017年8月26日这一天，正好是深圳市成立37周年纪念日。深圳，我深爱着这座充满活力与梦想的城市，并十分有幸置身于这座充满奇迹城市的辉煌成长历程中。

当这本书付梓之际，时逢77届大学生入学40周年。那是改革开放后的首届高考。回眸深望，我感恩那年幸运地跨入了大学校门。40年奔腾岁月，我们万分感慨共同亲历了和正在亲历着一个伟大的时代!

我们的家庭、我们的孩子都正置身于这个伟大的时代中，经历着生活也经历着成长，感受着烦恼也感受着幸福。

成长是硬道理，成就孩子的成长，也是一个伟大的事业!

由于专业水平所限，文字能力有限，难免有不足和缺憾，恳请各位专家和同道批评指正。

我们一直在成长的路上。

二〇一七年九月